国网冀北电力有限公司输变电工程通用设计

110kV 智能变电站模块化建设实施方案

土建分册

国网冀北电力有限公司经济技术研究院

北京京研电力工程设计有限公司　组编

中国水利水电出版社

www.waterpub.com.cn

·北京·

内 容 提 要

　　基于国家电网有限公司 2017 年修订完成的 110kV 智能变电站模块化建设通用设计方案，对冀北地区智能变电站 2 个 110kV 通用设计方案（A3-2、A3-3）在不同条件下（7 度 0.1g、8 度 0.15g、8 度 0.2g）编制加工图深度的全套施工图深化设计及相关施工说明、材料清册、工程量清单、计算书装配式建筑物选型专题和技术规范书的典型设计，以固化工程建设关键节点的关联业务内容。

　　本书分为总论、技术导则、冀北通用设计土建施工图实施方案、冀北通用设计土建实施方案加工图设计说明及图纸、合理装配率及技经指标分析 5 篇。其中第 1 篇包括概述、工作方式及过程、设计依据、通用设计使用说明、技术方案适用条件及技术特点；第 2 篇包括 110kV 智能变电站模块化建设通用设计技术导则、110kV 智能变电站模块化建设通用设计施工图技术导则；第 3 篇包括 JB-110-A3-2、JB-110-A3-3 通用设计土建实施方案，分别介绍了方案设计说明，卷册目录、主要图纸；第 4 篇以电子物的形式附于书后；第 5 篇介绍合理装配率及技经指标分析。

　　本书可供冀北地区及其他相关地区从事变电工程土建设计、施工等专业技术人员和管理人员使用，也可供大专院校有关专业的师生参考。

图书在版编目（ＣＩＰ）数据

　　国网冀北电力有限公司输变电工程通用设计. 110kV 智能变电站模块化建设实施方案. 土建分册 / 国网冀北电力有限公司经济技术研究院，北京京研电力工程设计有限公司组编. -- 北京 : 中国水利水电出版社，2021.11
　　ISBN 978-7-5170-8500-3

　　Ⅰ. ①国… Ⅱ. ①国… ②北… Ⅲ. ①智能系统—变电所—土木工程—工程设计 Ⅳ. ①TM63

　　中国版本图书馆CIP数据核字(2021)第044922号

书　　名	国网冀北电力有限公司输变电工程通用设计 110kV 智能变电站模块化建设实施方案　土建分册 GUOWANG JIBEI DIANLI YOUXIAN GONGSI SHUBIANDIAN GONGCHENG TONGYONG SHEJI 110kV ZHINENG BIANDIANZHAN MOKUAIHUA JIANSHE SHISHI FANG'AN　TUJIAN FENCE
作　　者	国网冀北电力有限公司经济技术研究院 北京京研电力工程设计有限公司　　　组编
出版发行	中国水利水电出版社 （北京市海淀区玉渊潭南路 1 号 D 座　100038） 网址：www.waterpub.com.cn E-mail：sales@mwr.gov.cn 电话：(010) 68545888（营销中心）
经　　售	北京科水图书销售有限公司 电话：(010) 68545874、63202643 全国各地新华书店和相关出版物销售网点
排　　版	中国水利水电出版社微机排版中心
印　　刷	清淞永业（天津）印刷有限公司
规　　格	297mm×210mm　横 16 开　6.5 印张　226 千字
版　　次	2021 年 11 月第 1 版　2021 年 11 月第 1 次印刷
定　　价	**298.00 元**（附光盘）

编　委　会

前　言

　　输变电工程通用设计是国网冀北电力有限公司贯彻执行国家电网有限公司标准化建设成果的重要组成部分。为全面提高冀北电网的建设能力，国网冀北电力有限公司建设部会同有关部门，组织国网冀北电力有限公司经济技术研究院和北京京研电力工程设计有限公司，吸收冀北地区智能变电站模块化建设技术成果，总结钢结构房屋施工经验，编制完成《国网冀北电力有限公司输变电工程通用设计　110kV智能变电站模块化建设实施方案　土建分册》，实现"标准化设计、工厂化加工、模块化建设"。

　　《国网冀北电力有限公司输变电工程通用设计　110kV智能变电站模块化建设实施方案　土建分册》主要包括变电站配电装置室典型设计方案、典型设计技术实施细则。

　　（1）在现行国家电网有限公司110（66）kV智能变电站模块化建设通用设计的基础上，结合冀北电网工程需求和技术发展，对典型设计方案进行梳理、归并、细化、优化，形成国网冀北电力有限公司层面统一的两个110kV智能变电站配电装置室典型设计方案。

　　（2）在现行国家电网有限公司110（66）kV智能变电站模块化建设通用设计的基础上，结合冀北电网工程钢结构房屋的施工特点，制定适用于冀北电网的110kV智能变电站配电装置室典型设计技术实施细则。

　　本书共分为5篇，第1篇为总论；第2篇为技术导则；第3篇为冀北通用设计土建施工图实施方案；第4篇为冀北通用设计土建实施方案加工图设计说明及图纸；第5篇为合理装配率及技经指标分析。

　　由于编制水平有限，不妥之处在所难免，敬请读者批评指正。

编者

2021年10月

目　录

前言

第1篇　总　论

第1章　概述 ……………………………………… 3
  1.1　目的和意义 …………………………… 3
  1.2　主要工作内容 ………………………… 3
  1.3　编制原则 ……………………………… 4
第2章　工作方式及过程 ………………………… 5
  2.1　工作方式 ……………………………… 5
  2.2　工作过程 ……………………………… 5
第3章　设计依据 ………………………………… 6
第4章　通用设计使用说明 ……………………… 7
  4.1　设计范围 ……………………………… 7
  4.2　方案分类和编号 ……………………… 7
  4.3　图纸编号 ……………………………… 7
  4.4　初步设计 ……………………………… 8
  4.5　施工图设计 …………………………… 8
  4.6　施工图深化设计 ……………………… 8
第5章　技术方案适用条件及技术特点 ………… 9

第2篇　技　术　导　则

第6章　110kV智能变电站模块化建设通用设计技术导则 ……… 13
  6.1　概述 …………………………………… 13

6.2　土建部分 ……………………………… 13
6.3　机械化施工 …………………………… 15
第7章　110kV智能变电站模块化建设通用设计施工图技术导则 ……… 16
  7.1　概述 …………………………………… 16
  7.2　土建部分 ……………………………… 16

第3篇　冀北通用设计土建施工图实施方案

第8章　JB－110－A3－2通用设计土建实施方案 ……… 27
  8.1　JB－110－A3－2土建方案设计说明 ……… 27
  8.2　JB－110－A3－2土建卷册目录 ………… 27
  8.3　JB－110－A3－2土建主要图纸 ………… 27
第9章　JB－110－A3－3通用设计土建实施方案 ……… 57
  9.1　JB－110－A3－3土建方案设计说明 ……… 57
  9.2　JB－110－A3－3土建卷册目录 ………… 57
  9.3　JB－110－A3－3土建主要图纸 ………… 57

第4篇　冀北通用设计土建实施方案加工图设计说明及图纸

第5篇　合理装配率及技经指标分析

第10章　变电站合理装配率及技经指标分析研究 ……… 91
  10.1　目的和意义 …………………………… 91
  10.2　装配式方案造价分析 ………………… 91
  10.3　结论 …………………………………… 93

第1篇 总　　论

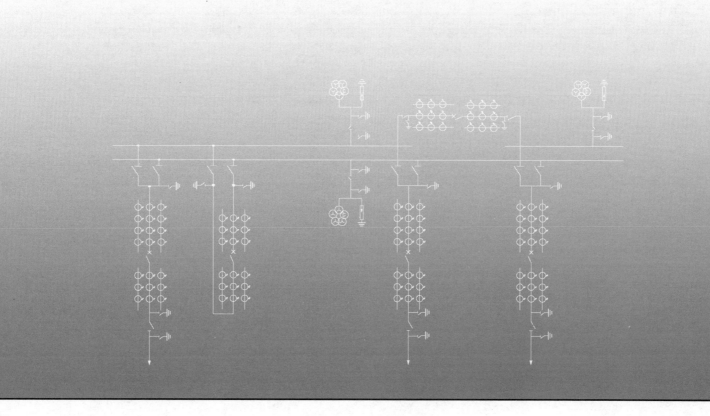

第1章　概　　述

1.1　目的和意义

2009年国家电网有限公司（简称国网公司）发布了标准化建设成果目录，首次提出通用设计、通用设备（简称"两通"）应用要求。其间又多次发文更新"两通"应用目录，深化标准化建设成果应用。2016年下发《国网基建部关于印发2016年推进智能变电站模块化建设工作要点的通知》（基建技术〔2016〕18号）文，文件明确110kV及以下智能变电站全面实施模块化建设。模块化建设是智能变电站基建技术的又一次重要变革与升级，通过深化应用"两通"，研究完善"模块化"家族的建设技术标准体系，实现"设计与设备统一、设备通用互换"，是持续推动标准化建设水平提升的必要条件。

近年来，随着电网飞速发展，国网冀北电力有限公司（简称冀北公司）110kV智能变电站建设规模急剧攀升，规模化建设对智能变电站工程建设管理水平和建设标准体系应用提出了更高的要求。由于各业务部门对"两通"等设计、设备类标准及技术原则的应用形式、范围、深度要求不一，造成建设管理全过程各关键环节的输入输出信息、重要工作文档、工作表单等内容及颗粒度差异性较大，制约了标准化建设水平的持续提升。因此，构建基于"两通"的智能变电站模块化建设技术标准体系，实现"两通"标准与模块化建设技术的统一融合，加快培养提升公司智能变电站模块化建设的能力和效率，是适应智能电网规模化建设的客观需要。

冀北地区担负着给京津地区供电的重任，电网建设不仅要考虑建设效率问题，还要考虑建设环境、社会环境、政治环境等因素。为贯彻落实国网公司"集团化运作、集约化发展、精益化管理、标准化建设"的管理要求，冀北公司建设部明确以标准化建设为主线，通过分析模块化建设全过程关键环节管控目标的潜在问题，应用国际通用的QQTC模型建立模块化建设技术标准体系，统一融合"两通"标准与模块化建设技术。模块化建设技术标准体系突出包含规模、质量、进度、效益4个维度的项目建设全过程应用目标，重点着眼于提升项目可研设计、初步设计、物资采购、设计联络、施工

图设计、施工作业流程管理等建设全过程关键环节的标准化管控水平。同时，通过全面开展模块化建设技术标准体系的常态化评价与改进机制，建立该体系在项目建设全过程中的"公转"轨道。基于"两通"的智能变电站模块化建设技术标准体系在国网模块化建设示范工程中试点实践后，在工程建设效率与效益方面呈现了良好的应用效果，实现了智能变电站工程建设管理模式的转型升级。

根据《国务院办公厅关于大力发展装配式建筑的指导意见》（国办发〔2016〕71号），国家政策鼓励发展装配式混凝土结构、钢结构和现代木结构等装配式建筑。随着冀北电网建设飞速发展，采用装配式建构筑物方案，可以提高建筑产品质量，缩短施工周期，推进建筑产业升级，极大提高变电站建设的综合效益。装配式建筑预制化程度高，建筑可以尽可能地像产品一样在工厂直接生产，现场组装成体系，同时也对构件的工厂预制提出了相应的特殊要求，以适应批量生产。因此，开展冀北地区110kV A3-2、A3-3变电站模块化施工图深化通用设计，实现构件标准化，是实现装配式建造的关键一步，具有重大的意义。

1.2　主要工作内容

基于国网公司2016年新修订完成的110kV智能变电站模块化建设通用设计方案，完成智能变电站2个110kV（A3-2、A3-3）通用设计方案施工图深化深度的配电装置室全套设计及相关施工及加工说明、材料清册、工程量清单、计算书的典型设计研究，固化工程建设关键节点的关联业务内容，最大限度合理统一设计、设备、采购、施工，充分发挥规模效应和协同效应。该标准化设计形成的技术成果能适用于冀北地区110kV智能变电站的设计、施工、调试和运维习惯，并可对实际工程的设计起到借鉴和参考作用。

施工图深化深度的全套设计资料包括符合国网公司110kV智能变电站模块化建设通用设计方案（A3-2、A3-3）、通用设备要求、符合施工图深

度规定的土建专业施工图，各专业间应统一模式、统一标准、资源共享、规范制图。

同时针对2个110kV（A3-2、A3-3）通用设计方案开展模块化变电站钢结构建筑物通用性深化研究工作，进一步优化提升标准钢结构设计方案整体性能及通用性工作，对钢梁、钢柱、支撑以及墙板等开展研究，固化相关型号及尺寸要求，落实"标准化设计、工业化生产、装配式建设"理念，实现施工图设计方案在工程实施中的落地。

1.3 编制原则

智能变电站模块化建设通用设计编制坚持"安全可靠、技术先进、投资合理、标准统一、运行高效"的设计原则，做到技术方案可靠性、先进性、经济性、适用性、统一性的协调统一。

（1）可靠性。各个基本方案安全可靠，通过模块拼接得到的技术方案安全可靠。

（2）先进性。推广应用电网新技术，鼓励设计创新，结构选型先进合理，占地面积小，注重环保，各项技术经济指标先进合理。

（3）经济性。综合考虑工程初期投资、改（扩）建与运行费用，追求工程寿命期内最佳的企业经济效益。

（4）适用性。综合考虑各地区实际情况，基本方案涵盖唐山、张家口、秦皇岛、承德、廊坊五市，通过基本模块拼接满足各类型变电站的应用需求，使得通用设计在冀北公司内具备广泛的适用性。

（5）统一性。统一建设标准、设计原则、设计深度，保证工程建设的统一性。

第2章　工作方式及过程

2.1　工作方式

冀北公司基建部统一组织，冀北公司经济技术研究院技术牵头，北京京研电力工程设计有限公司承担编写工作，针对项目成立土建专业课题组，针对项目的研究内容和考核目标制定分阶段实施方案，并定期召开项目研究进展会，协调项目推进的力度，对项目全过程进行控制，按时、按质量完成课题研究任务。

1. 广泛调研，征求意见

由冀北公司基建部统一组织，在现行智能变电站通用设计的基础上，广泛调研应用需求，优化确定技术方案组合，并征求各市公司意见。

2. 统一组织，分工负责

由冀北公司基建部统一组织，北京京研电力工程设计有限公司编制设计技术导则，冀北公司经济技术研究院统一组织设计成果评审，各市公司负责对本地区参编单位的组织指导工作。

3. 严格把关，保证质量

成立土建专业课题组，确保工作质量，保证按期完成。国网北京经济技术研究院、电力规划设计总院、中国电力企业联合会电力建设及技术经济咨询中心等相关单位专家共同把关，保证设计成果质量。

4. 工程验证，全面推广

依托工程设计建设，应用模块化建设通用设计成果，修改完善并全面推广应用。

2.2　工作过程

110kV模块化建设通用设计工作分为搜资调研、关键技术研究、典型施工图编制、审查统稿形成设计成果等四个阶段。

1. 搜资调研阶段

调研智能变电站施工图标准化技术的实际需求，确定具体研究方向和细节；联系冀北地区建设、运维、调试、施工及设备制造单位，摸清符合冀北要求的智能变电站施工图标准化的关键技术、相关设备的研究现状，包括其存在的技术瓶颈，寻找研究突破点；联系部分开展相关冀北地区施工图设计研究的设计院，针对智能变电站标准化技术与施工图典型设计的研究思路进行交流，掌握冀北地区典型设计研究的最新进展，吸收好的思路；通过网络、文献、现场考察等途径搜集国外智能变电站建设方面的最新成果和经验，为深化设计提供支撑。

2. 关键技术研究阶段

基于项目调研，明确2个110kV(A3-2、A3-3)通用设计方案建设标准及技术原则的应用范围与颗粒度，根据建设流程向下分解并固化建设全过程各关键环节的输入输出信息、重要工作文档、工作表单等关联性标准化成果，确保各类建设标准统一、有效地执行与落地。

经与各部门充分沟通，各专业明确钢结构建筑物实施方案、施工图目录及图纸内容等关键研究技术，最终形成两个通用设计方案的《智能变电站施工图典型设计方案实施导则》，经广泛征求意见、深化讨论、细化设计后，经专家组评审后成稿。

3. 典型施工图编制阶段

根据《智能变电站施工图典型设计方案实施导则》，统一各专业设计深度、计算项目、图纸表达方式，固化工程设计标准，施工图设计深度出图，形成符合冀北特色的标准化施工图。根据"钢结构＋装配式"模块化建设要求，统一建构筑物配件清册和建筑钢构件标准化加工图册，有效提升智能变电站施工图设计效率，优化技术细节，提高运行维护便利性，降低全寿命周期成本。先后召开1次集中工作会、2次评审会，经编制单位内部校核、交叉互查、专家评审后，修改、完善后形成通用设计。

4. 审查统稿形成设计成果阶段

召开统稿会，统一图纸表达、套用图应用等，形成通用设计成果。

第3章 设 计 依 据

下列设计标准、规程规范中凡是注日期的引用文件，其随后所有的修改单或修订版均不适用于本通用设计，然而，鼓励根据本标准达成协议的各方研究是否可使用这些文件的最新版本。凡是不注日期的引用文件，其最新版本适用于本通用设计。

GB/T 30155—2013 智能变电站技术导则

GB/T 51072—2014 110（66）kV～220kV 智能变电站设计规范

GB 50007—2011 建筑地基基础设计规范

GB 50009—2012 建筑结构荷载规范

GB 50010—2010 混凝土结构设计规范

GB 50011—2010 建筑抗震设计规范

GB 50016—2014 建筑设计防火规范

GB 50017—2017 钢结构设计标准

GB 50116—2013 火灾自动报警系统设计规范

GB 50217—2007 电力工程电缆设计规范

GB 50223—2008 建筑工程抗震设防分类标准

GB 50229—2019 火力发电厂与变电站设计防火标准

GB 50260—2013 电力设施抗震设计规范

GB 50345—2012 屋面工程技术规范

GB 51022—2015 门式刚架轻型房屋钢结构技术规范

DL/T 5056—2007 变电所总布置设计技术规程

DL/T 5390—2014 火力发电厂和变电站照明设计技术规定

DL/T 5457—2012 变电站建筑结构设计规程

DL/T 5510—2016 智能变电站设计技术规定

Q/GDW 1166.2 国家电网公司输变电工程初步设计内容深度规定 第2部分：110（66）kV 智能变电站

Q/GDW 10381.1—2017 国家电网公司输变电工程施工图设计内容深度规定 第1部分：110（66）kV 变电站

Q/GDW 11152—2014 智能变电站模块化建设技术导则

联办技术〔2015〕1号 国网联办关于印发智能变电站有关技术问题研讨会纪要的通知

联办技术〔2015〕2号 国网联办关于印发智能变电站有关技术问题第二次研讨会纪要的通知

基建技术〔2018〕29号 国网基建部关于发布输变电工程设计常见病清册（2018版）的通知

国家电网科〔2017〕549号 国家电网公司关于印发电网设备技术标准差异条款统一意见的通知

国家电网公司输变电工程通用设计 35～110kV 智能变电站模块化建设施工图设计（2016版）

第4章 通用设计使用说明

4.1 设计范围

本次智能变电站模块化施工图深化通用设计适用于冀北地区交流110kV变电站新建工程的施工图深化设计。

通用设计范围是变电站围墙以内配电装置室、围墙、电缆沟，设计标高0m以上，未包括受外部条件影响的项目，如进站道路、竖向布置、站外给排水、地基处理等。

4.2 方案分类和编号

4.2.1 方案分类

110kV变电站模块化建设钢结构施工图深化通用设计以《国家电网公司输变电工程通用设计 35～110kV智能变电站模块化建设施工图设计》（2016版）为基础，按照深度规定要求开展设计，包含若干基本方案。通用设计采用模块化设计思路，每个基本方案均由若干基本模块组成，基本模块可划分为若干子模块，具体工程可根据本期规模使用子模块进行调整。

基本方案：综合考虑电压等级、建设规模、电气主接线型式、配电装置型式、冀北电网建设特点等，确定户外GIS 1种基本方案。

基本模块：按照布置或功能分区将每个方案划分为若干基本模块。

4.2.2 方案编号

方案编号由3个字段组成：变电站电压等级-分类号-方案序列号。

第一字段"变电站电压等级"：110，代表110kV变电站模块化建设通用设计方案。

第二字段"分类号"：代表高压侧开关设备类型。A代表GIS方案，A1代表户外站，A2代表全户内站，A3代表半户内站。

第三字段"方案序列号"：用1，2，3，…表示。字段后（35）、（10）表示低压侧电压等级。

通用设计模块编号示意如下：

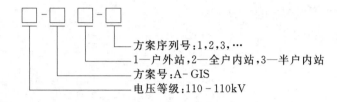

方案序列号：1,2,3,…
1—户外站,2—全户内站,3—半户内站
方案号：A-GIS
电压等级：110-110kV

冀北公司实施方案编号在方案编号前冠以省公司代号JB。

4.3 图纸编号

（1）通用设计图纸编号。图纸编号由5个字段组成，即变电站电压等级-分类号-方案序列号-卷册编号-流水号。

第一字段～第三字段：含义同通用设计方案编号。

第四字段"卷册编号"：由T0101、N0101、S0101等组成，其中：T代表土建建筑、结构专业，N代表暖通专业，S代表水工专业。

第五字段"流水号"：用01，02，…表示。

通用设计图纸编号示意如下：

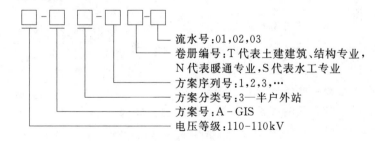

流水号：01,02,03
卷册编号：T代表土建建筑、结构专业，N代表暖通专业，S代表水工专业
方案序列号：1,2,3,…
方案分类：3—半户外站
方案号：A-GIS
电压等级：110-110kV

（2）标准化套用图编号。套用图编号由5个字段组成：TY-专业代号-图纸主要内容-序号-小序号。

第一字段TY：代表"套用"。

第二字段"专业代号"：由T、N、S组成，其中：T代表土建建筑、结构专业，N代表暖通专业，S代表水工专业。

第三字段"图纸主要内容"：由通用设备代号、主要建构筑物简称等组成，其中通用设备代号与通用设备一致。

第四、第五字段"流水号"：用 01－1，02－1，…表示。第五字段可为空。

标准化套用图编号示意如下：

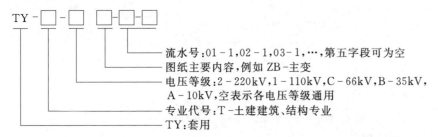

4.4　初步设计

4.4.1　方案选用

工程设计选用时，首先应根据工程条件在基本方案中直接选择适用的方案，工程初期规模与通用设计不一致时，可通过调整子模块的方式选取。

当无可直接适用的基本方案时，应因地制宜，分析基本方案后，从中找出适用的基本模块，按照通用设计同类型基本方案的设计原则，合理通过基本模块和子模块的拼接和调整，形成所需要的设计方案。

4.4.2　初步设计的形成

确定变电站设计方案后，应再加入外围部分完成整体设计。实际工程初步设计阶段，对方案选择建议依据如下文件：

（1）国家相关的政策、法规和规章。

（2）工程设计相关的规程、规范。

（3）政府和上级有关部门批准、核准的文件。

（4）可行性研究报告及评审文件。

（5）设计合同或设计委托文件。

（6）城乡规划、建设用地、防震减灾、地质灾害、压覆矿产、文物保护、消防和劳动安全卫生等相关依据。

受外部条件影响的内容，如系统通信、保护通道、进站道路、竖向布置、站外给排水、地基处理根据工程具体情况进行补充。

4.5　施工图设计

智能变电站施工图设计方案是特定输入条件下形成的设计方案，实际工程在参照智能变电站施工图方案设计思路的同时应严格遵守工程强制性条文及相关规程规范，各类计算应根据工程实际确保完整、准确，技术方案安全可靠。建议可通过核对工程环境条件是否与智能变电站施工图一致，如海拔、地震、风速、荷载等，核对方案的适用性。

4.5.1　核实详细资料

根据初步设计评审及批复意见，核对工程系统参数，核实详勘资料，开展计算工作，落实通用设计方案。

4.5.2　编制施工图

按照《国家电网公司输变电工程施工图设计内容深度规定　第1部分：110(66)kV 变电站》（Q/GDW 10381.1—2017）要求，根据工程具体条件，以本公司实施方案施工图为基础，合理选用相关标准化套用图，编制完成全部施工图。

4.5.3　核实厂家资料

设备中标后，应及时核对厂家资料是否满足通用设备技术及接口要求，不符合规范的应要求厂家修改后重新提供。

4.6　施工图深化设计

智能变电站施工图设计是根据设计蓝图、标准图集、施工规范的要求，结合施工经验及现场情况对设计方案进行优化、调整、完善。将各专业设备、管线根据设计图纸在同一张图纸进行综合布置，且达到施工图标准，交业主、监理、设计院审核、签认后进行施工。

4.6.1　核实施工图资料

根据施工图设计资料，校核相关图纸，落实通用设计方案。

4.6.2　编制设计深化图

根据设计蓝图、标准图集、施工规范的要求，结合工程具体条件，以本公司实施方案施工图深化为基础，合理选用相关标准化套用图，编制完成全部深化设计图。

4.6.3　依据深化设计图纸指导施工

现场施工过程严格按照深化图纸内容进行，并依据现场情况进一步完善深化设计图纸。

第 5 章　技术方案适用条件及技术特点

序号	方案编号	建设项目规模（本期/远期）	接 线 型 式	总布置及配电装置	围墙内占地面积（hm²）/ 总建筑面积（m²）
1	JB－110－A3－2	主变压器：2/3×50MVA；出线：110kV 2/3 回；35kV 8/12 回；10kV 16/24 回；每台主变压器 10kV 侧无功；并联电容器 4/6 组	110V：本期内桥，远期扩大内桥； 35kV：本期单母线分段，远期单母线三分段； 10kV：本期单母线分段，远期单母线三分段	半户内一幢生产建筑、一幢辅助生产建筑布置，主变压器采用户外布置； 110kV：户内 GIS，架空、电缆混合出线； 35kV：户内开关柜，电缆出线； 10kV：户内开关柜，电缆出线	0.4371/1242
2	JB－110－A3－3	主变压器：2/3×50MVA；出线：110kV 2/3 回；10kV 24/36 回；每台主变压器 10kV 侧无功；并联电容器 2 组	110kV：本期内桥，远期内桥＋线变组； 10kV：本期单母线分段，远期单母线四分段	半户内一幢生产建筑、一幢辅助生产建筑布置，主变压器采用户外布置； 110kV：户内 GIS，电缆出线； 10kV：户内开关柜，电缆出线	0.2524/829

第2篇 技 术 导 则

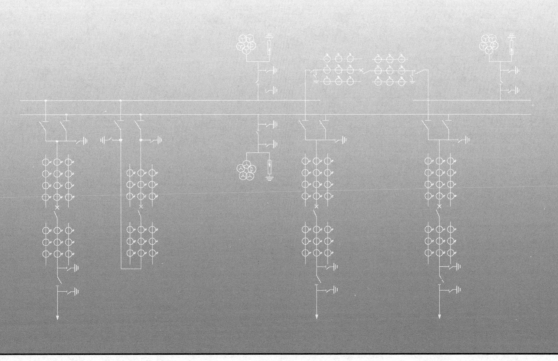

第6章　110kV 智能变电站模块化建设通用设计技术导则

6.1　概述

6.1.1　设计对象

110kV 智能变电站模块化建设通用设计对象为冀北公司系统内的 110kV 半户内变电站，不包括地下、半地下等特殊变电站。

6.1.2　设计范围

变电站围墙以内，设计标高 0m 以上的生产及辅助生产设施。受外部条件影响的项目，如系统通信、保护通道、进站道路、站外给排水、地基处理、土方工程等不列入设计范围。

6.1.3　运行管理方式

原则上按无人值守设计。

6.1.4　模块化建设原则

建筑物，构、支架宜采用装配式钢结构，实现标准化设计、工厂化制作、机械化安装。

构筑物基础采用标准化尺寸，定型钢模浇制。

6.2　土建部分

6.2.1　站址基本条件

海拔小于 1000m，设计基本地震加速度 7 度 0.10g、8 度 0.15g 和 8 度 0.20g，设计风速不大于 30m/s，天然地基、地基承载力特征值 $f_{ak} = 120$kPa，无地下水影响，场地采用同一设计标高。

6.2.2　总布置

6.2.2.1　总平面布置

变电站的总平面布置应根据生产工艺、运输、防火、防爆、保护和施工等方面的要求，按远期规模对站区的建构筑物、管线及道路进行统筹安排。

6.2.2.2　站内道路

站内道路宜采用环形道路，也可结合市政道路形成环形路；当环道布置有困难时，可设回车场（不小于 12m×12m）或 T 形回车道。变电站大门宜面向站内主变压器运输道路。

变电站大门及道路的设置应满足主变压器、大型装配式预制件、预制舱式二次组合设备等整体运输的要求。

站内主变压器运输道路及消防道路宽度为 4m、转弯半径不小于 9m；其他道路宽度为 3m、转弯半径 7m。

消防道路路边至建筑物（长/短边）外墙的间距不宜小于 5m，道路外边缘至围墙轴线距离为 1.5m。

站内道路宜采用公路型道路，湿陷性黄土地区、膨胀土地区宜采用城市型道路，可采用混凝土路面或其他路面。采用公路型道路时，路面宜高于场地设计标高 100mm。

6.2.2.3　场地处理

户外配电装置场地宜采用碎石或卵石地坪，湿陷性黄土地区应设置灰土封闭层。缺少碎石或卵石及雨水充沛地区可简单绿化，但不应设置管网等绿化给水设施。

6.2.3　装配式建筑

6.2.3.1　建筑

（1）建筑应严格按工业建筑标准设计，统一标准、统一模数布置、方便生产运行，并做好建筑"四节（节能、节地、节水、节材）一环保"工作。建筑材料选用因地制宜，选择节能、环保、经济、合理的材料。

1）变电站内建筑物名称和房间名称应统一。

2）变电站内设置配电装置室（楼）、消防泵房等建筑物。

（2）建筑物按无人值守运行设计，仅设置生产用房及辅助生产用房。

生产用房设有主变压器室、散热器室、110kV GIS 室，35（10）kV 配电装置室、站用变压器室、接地变消弧线圈室、电容器室、二次设备室、蓄电池室等。生产用房除主变压器室、散热器室外，其余生产用房同户内变电站设置。

辅助生产用房设有安全工具间、资料室、卫生间。

（3）建筑物体型应紧凑、规整，在满足工艺要求和总布置的前提下，优先布置成单层建筑；外立面及色彩与周围环境相协调，符合城市规划要求。

（4）外墙板及其接缝设计应满足结构、热工、防水、防火及建筑装饰等要求，内墙板设计应满足结构、隔声及防火要求。外墙板采用压型钢板复合板或纤维水泥复合板，选择时应满足热工计算要求。内墙板采用防火石膏板或轻质复合墙板，寒冷地区墙体保温材料宜采用岩棉，墙厚根据热工计算确定。

（5）外墙、内墙涂料装饰；卫生间采用瓷砖墙面，设铝板吊顶。门窗几何规整，预留洞口位置应与装配式外墙板尺寸相适应，门采用木门、钢门、防火门，窗采用断桥铝合金窗、塑钢窗，并采取密封、节能、防盗等措施。建筑物外门、窗设置防盗设施。除卫生间外其余房间和走道均不宜设置吊顶。

（6）屋面应采用Ⅰ级防水屋面。

（7）建筑设计的模数应结合工艺布置要求协调，宜按《厂房建筑模数协调标准》（GB/T 50006—2010）执行。

1）110kV GIS室。跨度宜采用 9m、10m，净高 6.2m。根据结构计算结果确定层高 8m。

2）35（10）kV 配电装置室。采用单列布置时，跨度宜采用 7.5m（6m）；采用双列布置时，跨度宜采用 12m（9m）；采用混合布置时，跨度宜采用 11m。35kV 配电装置室层高 4.5m（电缆进线层高 4m），10kV 配电装置室层高 4m。

6.2.3.2　结构

（1）装配式建筑物宜采用钢框架结构。当单层建筑物恒载、活载均不大于 $0.7kN/m^2$，基本风压不大于 $0.7kN/m^2$ 时可采用轻型门式钢架结构。

（2）钢结构梁、柱宜采用热轧 H 型钢。楼面板采用压型钢板为底模的现浇钢筋混凝土板，屋面板采用压型钢板为底膜的钢筋桁架楼承板，轻型门式钢架结构屋面板采用压型钢板复合板。

（3）钢结构的防腐可采用镀层防腐和涂层防腐。

（4）配电装置室（楼）的耐火等级为二级，厂房耐火等级为二级时，钢柱的耐火极限为 2.5h，钢梁的耐火极限为 1.5h；如厂房为单层布置，钢柱

的耐火极限为 2h。

钢结构构件防火措施采用厚、薄型的防火涂料。

6.2.4　装配式构筑物

6.2.4.1　围墙及大门

围墙宜采用大砌块实体围墙，当经济性较好时可采用装配式围墙，围墙高度不低于 2.3m。城市规划有特殊要求的变电站可采用通透式围墙。

围墙饰面采用水泥砂浆或干黏石抹面，围墙顶部宜设置预制压顶。大砌块推荐尺寸为 600mm（长）×300mm（宽）×300mm（高）。围墙中及转角处设置构造柱，构造柱间距不宜大于 3m，采用标准钢模浇制。

站区大门宜采用电动实体推拉门。

6.2.4.2　防火墙

防火墙宜采用框架＋大砌块、框架＋预制墙板、清水钢筋混凝土防火墙等型式，按通用设备防火墙宽 10m、高 6.2m，墙体耐火极限不小于 3h。

根据主变压器构架柱根开和防火墙长度设置钢筋混凝土现浇柱，采用标准钢模浇制混凝土；框架＋大砌块防火墙墙体材料采用清水砌体，大砌块推荐尺寸为 600mm（长）×300mm（宽）×300mm（高），水泥砂浆抹面；框架＋墙板防火墙墙体材料采用 150mm 厚清水混凝土预制板或 150mm 厚蒸压轻质加气混凝土板。

6.2.4.3　电缆沟

（1）配电装置区不设电缆支沟，可采用电缆埋管、电缆排管或成品地面槽盒系统。除电缆出线外，电缆沟宽度宜采用 800mm、1100mm、1400mm。

（2）主电缆沟宜采用砌体、现浇混凝土或钢筋混凝土沟体，当造价不超过现浇混凝土时，也可采用预制装配式电缆沟。砌体沟体顶部宜设置预制压顶。沟深不大于 1000mm 时，沟体宜采用砌体；沟深大于 1000mm 或离路边距离小于 1000mm 时，沟体宜采用现浇混凝土。在湿陷性黄土地区，不宜采用砖砌体电缆沟。电缆沟沟壁应高出场地地坪 100mm。

（3）电缆沟采用成品盖板，材料为包角钢混凝土盖板或有机复合盖板。

6.2.4.4　支架

（1）支架统一采用钢结构，钢结构连接方式宜采用螺栓连接。

（2）设备支架柱采用圆形钢管结构或型钢，支架横梁采用钢管或型钢横梁，支架柱与基础采用地脚螺栓连接。

（3）独立避雷针采用钢管结构。对严寒大风地区，避雷针钢材应具有常温冲击韧性的合格保证。

（4）钢构支架防腐均采用热镀锌或冷喷锌防腐。

6.2.4.5　设备基础

（1）主变压器基础宜采用筏板基础＋支墩的基础型式，筏板厚度为 500mm，室外主变压器油坑尺寸按通用设备为 $10000mm \times 8000mm$。

（2）GIS 设备基础宜采用筏板＋支墩的基础型式，筏板厚度为 600m。

（3）小型基础如灯具、构支架柱的保护帽等均采用清水混凝土。

6.2.5　暖通、水工、消防、降噪

6.2.5.1　暖通

变电站的二次设备室等房间设置分体空调。在采暖地区，房间采用分散电采暖设备。配电装置室宜设置低噪声风机，机械排风、自然进风。

采用 SF_6 气体绝缘设备的配电装置室内应配置 SF_6 气体探测器；采暖通风系统与消费报警系统应能联动闭锁，同时具备自动启停、现场控制和远方控制功能。

6.2.5.2　水工

水源宜采用自来水水源或打井供水，污水排入市政污水管网或排入化粪池定期清理，不设污水处理装置。站区雨水采用散排或集中排放。主变压器设有油水分离式总事故油池，油池有效容积按最大主变油量的 100% 考虑。排水设施在经济合理时，可采用预制式成品。

6.2.5.3　消防

变电站消防设计应执行《火力发电厂及变电站设计防火规范》（GB 50229）、《建筑设计防火规范》（GB 50016—2014）及《消防给水及消火栓系统技术规范》（GB 50974）。建筑物设置消防给水及消火栓系统。电气设备采用移动式化学灭火器。电缆从室外进入室内的入口处，应采取防止电缆火灾蔓延的阻燃及分隔的措施。站内设置一套火灾自动探测报警系统，报警信号上传至地区监控中心及相关单位。

6.2.5.4　降噪

变电站噪声须满足《工业企业厂界环境噪声排放标准》（GB 12348—2008）及《声环境质量标准》（GB 3096—2008）的要求。

6.3　机械化施工

（1）变电站所用混凝土优先选用商品泵送混凝土，车辆运输至现场，并利用泵车输送到浇筑工位，直接入模。

（2）支架基础、主变压器防火墙等采用定型钢模板，模板拼装采用螺栓连接。

（3）支架、建筑房屋钢结构、围护板墙结构系统、屋面板系统均采用工厂化加工，运输至现场后采用机械吊装组装。

（4）支架、建筑结构钢柱等柱脚采用地脚螺栓连接，柱底与基础之间的二次浇注混凝土采用专用灌浆工具进行作业。

第 7 章　110kV 智能变电站模块化建设通用设计施工图技术导则

7.1　概述

110kV 智能变电站模块化建设通用设计施工图技术导则依据国家和电力行业相关设计技术规定，总结了 110kV 智能变电站模块化施工图设计经验，同时结合国家电网公司通用设计、通用设备、标准工艺及"两型三新一化"相关要求进行编制。

110kV 智能变电站模块化建设通用设计施工图实施方案系在遵循《国家电网公司 110kV 智能变电站模块化建设通用设计》方案的基础上，并结合各省（市）电网建设实际情况编制完成的。

7.2　土建部分

7.2.1　站址基本条件

海拔不大于 1000m，设计基本地震加速度 7 度 0.10g、8 度 0.15g 和 8 度 0.2g，场地类别按 II 类考虑；设计基准期为 50 年，设计风速 $V_0 \leqslant 30\text{m/s}$；天然地基，地基承载力特征值 $f_{ak}=120\text{kPa}$，假设场地为同一标高，无地下水影响。

7.2.2　总平面及竖向布置

7.2.2.1　站址征地

站址征地图应注明坐标及高程系统，应标注指北针，并提供测量控制点坐标及高程。在地形图上绘出变电站围墙及进站道路的中心线、征地轮廓线及规划控制红线等。变电站征（占）地面积一览表见表 7-1。

表 7-1　　变电站征（占）地面积一览表

序号	指 标 名 称	单位	数量	备注
1	站址总用地面积	hm²		
1.1	站区围墙内占地面积	hm²		
1.2	进站道路占地面积	hm²		
1.3	站外供水设施占地面积	hm²		

续表

序号	指 标 名 称	单位	数量	备注
1.4	站外排水设施占地面积	hm²		
1.5	站外防（排）洪设施占地面积	hm²		
1.6	其他占地面积	hm²		

7.2.2.2　总平面布置图

（1）变电站的总平面布置应根据生产工艺、运输、防火、防爆、环境保护和施工等方面的要求，按最终规模对站区的建（构）筑物、管线及道路进行统筹安排。

（2）图中应表示进站道路、站外排水沟、挡土墙、护坡等，综合布置各种主要管沟，并标明其相对关系和尺寸。

（3）图中应标明站内各建筑物、构架、主变压器场地、围墙、道路等建（构）筑物的控制点坐标，并在说明中标明建筑坐标与测量坐标间相互的换算关系。

（4）图中应标注指北针，并应标出指北针与建筑坐标的夹角。

（5）图中应标明各道路的宽度及转弯半径。

（6）场地处理。变电站配电装置场地宜采用碎石地坪，不设检修小道，操作地坪按电气专业要求设置。湿陷性黄土地区应设置灰土封闭层。雨水充沛的地区，可简易绿化，但不应设置管网等绿化设施，控制绿化造价。

规划部门对绿化有明确要求时，可进行简易绿化，但应综合考虑养护管理，选择经济合理的本地区植物，不应选用高级乔灌木、草皮或花木。

（7）应按现行的《变电所总布置设计技术规程》（DL/T 5056—2007），在图中列出表 7-2 和表 7-3。

7.2.2.3　竖向布置

（1）竖向布置的型式应综合考虑站区地形、场地及道路允许坡度、站区排水方式、土石方平衡等条件来确定，场地的地面坡度不宜小于 0.5%。

表 7 - 2　　　　　　主要技术经济指标一览表

序号	名　　称	单位	数量	备　注
1	站址总用地面积	hm²		
1.1	站区围墙内占地面积	hm²		
1.2	进站道路占地面积	hm²		
1.3	站外供水设施占地面积	hm²		
1.4	站外排水设施占地面积	hm²		
1.5	站外防（排）洪设施占地面积	hm²		
1.6	其他占地面积	hm²		
2	进站道路长度（新建/改造）	m		
3	站外供水管长度	m		
4	站外排水管长度	m		
5	站内主电缆沟长度	m		
6	站内外挡土墙体积	m³		
7	站内外护坡面积	m²		
8	站址土（石）方量	挖方（一）	m³		
		填方（＋）	m³		
8.1	站区场地平整	挖方（一）	m³		
		填方（＋）	m³		
8.2	进站道路	挖方（一）	m³		
		填方（＋）	m³		
8.3	建（构）筑物基槽余土	m³		
8.4	站址土方综合平衡	弃土	m³		
		取土	m³		
9	站内道路面积	m²		
10	屋外场地面积	m²		
11	总建筑面积	m²		
12	站区围墙长度	m		

注：如有软弱土或特殊地基处理方式引起的土石方量变化可调整相应项目。

表 7 - 3　　　　　　站区建（构）筑物一览表

序号	项 目 名 称	单位	数量	备　注
1	配电装置室（楼）	m²		
2	二次设备室	m²		
3	220kV 配电装置场地	m²		
4	110kV 配电装置场地	m²		
5	主变压器场地	m²		
6	电容器场地	m²		
7	雨水泵井	座		
8	事故油池	座		
9	独立避雷针	根		
10	消防水池	m²		
11	消防泵房	m²		占地面积/建筑面积

注：具体建（构）筑物根据工程具体情况调整。

（2）图中应标出站区各建（构）筑物、道路、配电装置场地、围墙内侧及站区出入口处的设计标高，建筑物设计标高以室内地坪为±0.000m。标明场地、道路及排水沟的排水坡度及方向。

7.2.2.4　土（石）方平衡

根据总平面布置及竖向布置要求，采用横断面法、方格网法、分块计算法或经鉴定的计算软件计算土（石）方工程量，绘制场区土方图，编制土方平衡表。对土方回填或开挖的技术要求做必要说明。

7.2.3　站内外道路

7.2.3.1　站内外道路平面布置

（1）站内外道路的型式。进站道路宜采用公路型道路；站内道路宜采用公路型道路，湿陷性黄土地区、膨胀土地区宜采用城市型道路；路面可采用混凝土路面或沥青混凝土路面。采用公路型道路时，路面宜高于场地设计标高 100mm。

（2）站内道路宜采用环形道路。变电站大门宜面向站内主变压器运输道路。

变电站大门及道路的设置应满足主变压器、大型装配式预制件、预制舱式二次组合设备等整体运输的要求。

站内主变压器运输道路及消防道路宽度为4m、转弯半径不小于9m；其他道路宽度为3m、转弯半径7m。

消防道路边缘与建筑物（长/短边）外墙距离不宜小于5m。道路外边缘与围墙轴线距离为1.5m。

（3）其他。进站道路与桥涵或沟渠等交汇处应标明其坐标并绘制断面详图。站内道路平面布置应标明站内地下管沟，并标示穿越道路管沟的位置。

7.2.3.2 进站道路

（1）进站道路按《厂矿道路设计规范》（GBJ 22—87）规定的四级厂矿道路设计，宜采用公路型混凝土道路，路面混凝土强度不小于C25，施工可采用专用机械一次浇筑完成或两次浇筑完成。

（2）进站道路最大限制纵坡应能满足大件设备运输车辆的爬坡要求，不宜大于6%。

7.2.3.3 站内道路

（1）站内道路宜采用公路型混凝土道路，路面混凝土强度不小于C25，施工可采用专用机械一次浇注完成或两次浇注完成。

（2）站内道路纵坡不宜大于6%，山区变电站或受条件限制的地段可加大至8%，但应考虑相应的防滑措施。

7.2.4 装配式建筑

7.2.4.1 建筑物布置

（1）建筑应严格按工业建筑标准设计，统一标准、统一模数布置、方便生产运行，并做好建筑"四节（节能、节地、节水、节材）一环保"工作。建筑材料选用因地制宜，选择节能、环保、经济、合理的材料。

1）变电站内建筑物名称和房间名称应统一。

2）变电站内设置配电装置室（楼）、消防泵房等建筑物。

（2）建筑物按无人值守运行设计，仅设置生产用房及辅助生产用房。生产用房设有主变压器室、散热器室、110kV GIS室，35（10）kV配电装置室、站用变压器室、接地变消弧线圈室、电容器室、二次设备室、蓄电池室等。生产用房除主变压器室、散热器室外，其余生产用房同户内变电站设置。

辅助生产用房设有安全工具间、资料室、卫生间。

（3）建筑物体型应紧凑、规整，在满足工艺要求和总布置的前提下，优先布置成单层建筑；外立面及色彩与周围环境相协调，符合城市规划要求。

（4）外墙板及其接缝设计应满足结构、热工、防水、防火及建筑装饰等要求，内墙板设计应满足结构、隔声及防火要求。外墙板采用压型钢板复合板或纤维水泥复合板，选择时应满足热工计算要求。内墙板采用防火石膏板或轻质复合墙板，寒冷地区墙体保温材料宜采用岩棉，墙厚根据热工计算确定。

（5）外墙、内墙涂料装饰；卫生间采用瓷砖墙面，设铝板吊顶。门窗几何规整，预留洞口位置应与装配式外墙板尺寸相适应，门采用木门、钢门、防火门，窗采用断桥铝合金窗、塑钢窗，并采取密封、节能、防盗等措施。建筑物外门、窗设置防盗设施。除卫生间外其余房间和走道均不宜设置吊顶。

（6）屋面应采用Ⅰ级防水屋面。

（7）建筑设计的模数应结合工艺布置要求协调，宜按《厂房建筑模数协调标准》（GB/T 50006—2010）执行。

1）220kV GIS室。跨度宜采用12.5m，净高8m。根据结构计算结果确定层高9.5m。

2）110（66）kV GIS室。跨度宜采用9m、10m，净高6.2m。根据结构计算结果确定层高8m。

3）35（10）kV配电装置室。采用单列布置时，跨度宜采用7.5m（6m）；采用双列布置时，跨度宜采用12m（9m）；采用混合布置时，跨度采用11m。35kV配电装置室层高4.5m（电缆进线层高4m），10kV配电装置室层高4m。

7.2.4.2 墙体

（1）建筑物外墙板及其接缝设计应满足结构、热工、防水、防火及建筑装饰等要求，内墙板设计应满足结构、隔声及防火要求。外墙板宜采用压型钢板复合板，钢板厚度外层为0.8mm，内层厚度为0.6mm，材料尺寸应采用标准模数；寒冷地区可采用纤维水泥复合板，选择时应满足热工计算要求。

（2）内墙板采用防火石膏板或轻质复合墙板。卫生间采用纤维水泥板。

（3）建筑物的防火墙宜采用纤维水泥板、防火石膏板复合墙体。

7.2.4.3　屋面

（1）屋面板采用钢筋桁架楼承板，轻型门式钢架结构屋面板宜采用压型钢板复合板。屋面宜设计为结构找坡，平屋面采用结构找坡不得小于 5％，建筑找坡不得小于 3％；天沟、檐沟纵向找坡不得小于 1％。寒冷地区建筑物屋面宜采用坡屋面，坡屋面坡度应符合设计规范要求。

（2）屋面采用有组织防水，防水等级采用Ⅰ级。

7.2.4.4　室内外装饰装修

（1）外墙、内墙涂料装饰。采用非金属外墙板时，建筑外装饰色彩与周围景观相协调，内墙和顶棚涂料采用乳胶漆涂料。卫生间采用瓷砖墙面。

（2）变电站楼、地面做法应按照现行国家标准图集或地方标准图集选用，无标准选用时，可按《国家电网公司输变电工程标准工艺》选用。

（3）主变室、配电装置室、电抗器室、电容器室、站用变室、蓄电池室等电气设备房间宜采用环氧树脂漆地坪、自流平地坪、地砖或细石混凝土地坪等；卫生间、室外台阶采用防滑地砖，卫生间四周除门洞外，应做高度不应小于 120mm 混凝土翻边。

（4）卫生间设铝板吊顶，其余房间和走道均不宜设置吊顶。当采用坡屋面时宜设吊顶。

7.2.4.5　门窗

（1）门窗应设计成规整矩形，不应采用异型窗。

（2）门窗宜设计成以 3m 为基本模数的标准洞口，尽量减少门窗尺寸，一般房间外窗宽度不宜超过 1.50m，高度不宜超过 1.50m。

（3）门采用木门、钢门、铝合金门、防火门，建筑物一层门窗采取防盗措施。

（4）外窗宜采用断桥铝合金门窗或塑钢窗，窗玻璃宜采用中空玻璃。蓄电池室、卫生间的窗采用磨砂玻璃。

（5）建筑外门窗抗风压性能分级不得低于 4 级，气密性能分级不得低于 3 级，水密性能分级不得低于 3 级，保温性能分级为 7 级，隔音性能分级为 4 级，外门窗采光性能等级不低于 3 级。

7.2.4.6　楼梯、坡道、台阶及散水

（1）踏步、坡道、台阶采用细石混凝土或水泥砂浆材料。

（2）细石混凝土散水宽度为 0.60m，湿陷性黄土地区不得小于 1.50m。散水与建筑物外墙间应留置沉降缝，缝宽 20～25mm，纵向 6m 左右设分隔缝一道。

7.2.4.7　建筑节能

（1）控制建筑物窗墙比，窗墙比应满足国家规范要求。

（2）建筑外窗选用中空玻璃，改善门窗的隔热性能。

（3）墙面、屋面宜采用保温隔热层设计。

7.2.5　装配式结构

7.2.5.1　基本设计规定

（1）装配式建筑物宜采用钢结构。结构体系宜采用钢框架结构。当单层建筑物恒载、活载均不大于 $0.7kN/m^2$，基本风压不大于 $0.7kN/m^2$ 时可采用轻型门式钢架结构。

（2）根据《建筑结构可靠性设计统一标准》（GB 50068），建筑结构安全等级取为二级；根据《建筑抗震设计规范》（GB 50011）、《建筑工程抗震设防分类标准》（GB 50223），建筑抗震设防类别取为乙类或丙类；荷载标准值、荷载分项系数、荷载组合值系数等应满足《建筑结构荷载规范》（GB 50009）和《变电站建筑结构设计技术规程》（DL/T 5457）的规定。结构的重要性系数 γ_0 宜取 1.0。

（3）承重结构应按承载力极限状态和正常使用极限状态进行设计。按承载力极限状态设计时，采用荷载效应的基本组合；按正常使用极限状态设计时，采用荷载效应的标准组合。

7.2.5.2　材料

（1）钢结构梁柱等主要承重构件宜采用 Q235、Q345 钢材，截面采用 H 形；轻型围护板材（压型钢板等）的檩条、墙梁等次构件，宜采用 Q235 冷弯薄壁型钢（如 C 型钢、Z 型钢等）。钢材的强屈比不宜小于 1.2，钢材应有明显的屈服台阶，且延伸率宜大于 20％。

（2）钢结构的传力螺栓连接宜选用高强度螺栓连接，高强度螺栓宜选用 8.8 级、10.9 级，高强度螺栓的预拉应力应满足表 7-4 的要求，钢结构构件上螺栓钻孔直径宜比螺栓直径大 1.5～2.0mm。

表 7-4　　　　　　　高强度螺栓的预拉应力值

螺栓公称直径/mm	M16	M20	M22	M24	M27	M30
螺栓预拉应力/kN	100	155	190	225	290	355

（3）Q345 与 Q345 钢之间焊接宜采用 E50 型焊条，Q235 与 Q235 钢之间焊接宜采用 E43 型焊条，Q235 与 Q345 钢之间焊接宜采用 E43 型焊条，焊缝的质量等级不小于二级。

7.2.5.3　结构布置

结构柱网尺寸按照模块化建设通用设计要求进行布置，建筑框架梁柱采用 H 形截面；梁柱宜采用刚性连接。次梁的布置应综合考虑设备布置和工艺要求，次梁宜与主梁铰接，并与楼板组成简支组合梁。

7.2.5.4　钢结构计算的基本原则

（1）钢结构的计算宜采用空间结构计算方法，对结构在竖向荷载、风荷载及地震荷载作用下的位移和内力进行分析。

（2）进行构件的截面设计时，应分别对每种荷载组合工况进行验算，取其中最不利的情况作为构件的设计内力。荷载及荷载效应组合应满足《建筑结构荷载规范》（GB 50009）的规定。

（3）框架柱在压力和弯矩共同作用下，应进行强度计算、平面内和平面外稳定计算。在验算柱的稳定性时，框架柱的计算长度应根据有无支撑情况按照《钢结构设计规范》（GB 50017）进行计算。

（4）柱与梁连接处，柱在与梁上翼缘对应位置宜设置水平加劲肋，以形成柱节点域，节点域腹板的厚度应满足节点域的屈服承载力要求和抗剪强度要求。

（5）中心支撑宜采用十字交叉支撑，且宜采用 H 形截面，支撑在框架内宜相向对称布置，每层不同方向在水平方向的投影面积不宜超过 10%。

（6）当设地下室时，钢框架柱应直接延伸至基础。不设地下室时，柱也应能可靠地传递柱身荷载，宜采用埋入式、插入式或外包式柱脚；6 度、7 度抗震设防时也可采用外露式柱脚，柱与基础的连接采用锚栓连接，锚栓宜采用 Q345 钢材，钢柱脚宜设置钢抗剪件，抗剪件的选择应根据计算确定。

7.2.5.5　钢结构节点设计与构造

1. 梁与柱的连接要求

（1）梁与柱刚性连接节点应具有足够的刚性，梁的上下翼缘用坡口全熔透焊缝与柱翼缘连接，腹板用 8.8 级或 10.9 级高强度螺栓与柱翼缘上的剪力板连接。梁与柱的连接应验算其在弹性阶段的连接强度、弹塑性阶段的极限承载力、在梁翼缘拉力和压力作用下腹板的受压承载力和柱翼缘板刚度、

节点域的抗剪承载力。

（2）柱在与梁翼缘对应位置处应设横向加劲肋，加劲肋与柱翼缘应采用全熔透对接焊缝连接，与腹板可采用角焊缝连接。

（3）加劲板（隔板）厚度不应小于梁翼缘厚度，强度与梁翼缘相同。

（4）梁腹板上下端均作扇形切角，切角高度应容许焊条通过。下翼缘焊接衬板的反面与柱翼缘或壁板的连接处应沿衬板全长用角焊缝连接，焊缝尺寸宜取为 6mm。

（5）梁腹板与柱的连接螺栓不宜小于两列，且螺栓总数不宜小于计算值的 1.5 倍。

（6）H 形截面柱在弱轴方向与主梁刚性连接时，应在主梁翼缘对应位置设置柱水平加劲肋，其厚度分别与梁翼缘和腹板厚度相同。柱水平加劲肋与柱翼缘和腹板均为全熔透坡口焊缝，竖向连接板柱腹板连接为角焊缝。

2. 柱与柱的连接要求

（1）焊接 H 形截面柱，腹板与翼缘的组合焊缝可采用角焊缝或部分熔透焊的 K 形坡口焊缝。

（2）梁与柱刚性连接时，焊接 H 形截面柱在梁翼缘上下各 500mm 范围内，柱翼缘与柱腹板之间或箱型柱壁板之间的连接焊缝应采用全熔透坡口焊缝。

（3）柱的拼接接头应位于框架节点塑性区以外，宜在框架梁上方 1.3m 附近，上下柱的对接接头应采用全熔透。柱拼接接头上下各 100mm 范围内，焊接 H 形截面柱翼缘与腹板间或箱型柱壁板之间的连接焊缝，应采用全熔透坡口焊缝；柱的接头处应设置安装耳板，厚度宜大于 10mm。

（4）钢柱的上下层截面应保持一致，当需要变截面时，柱的截面尺寸宜保持不变，仅改变翼缘厚度。

3. 梁与梁的连接要求

（1）主梁的现场拼接节点，一般应设在内力较小的位置。也可根据施工安装方便的需要，设置在距离梁端 1m 左右的位置处。连接节点应按照板件截面面积的等强条件进行设计。一般情况下翼缘采用完全焊透的坡口对接焊缝连接，腹板采用高强摩擦型螺栓连接。翼缘和腹板也可均采用高强摩擦型螺栓连接。

（2）次梁与主梁的连接宜为铰接，次梁与主梁的竖向加劲板宜采用高强

螺栓连接；当次梁跨数较多、跨距较大且荷载较大时，次梁与主梁可采用刚性连接。

4. 梁腹板开孔补强要求

为满足电气工艺要求，梁腹板上需开孔时应满足以下要求：

（1）当圆孔尺寸不大于梁高的 1/3，孔洞的间距大于 3 倍的孔径，且在梁端 1/8 跨度范围内无开孔时，可不予补强。

（2）当开孔需要补强时，在梁腹板上加焊 V 形加劲肋，且纵向加劲板伸过洞口的长度不小于矩形孔的高度，加劲肋的宽度为梁翼缘宽度的 1/2，厚度与腹板相同。

5. 楼、屋面底模构造要求

（1）楼面板宜采用压型钢板为底模的现浇钢筋混凝土板。压型钢板质量应符合《建筑用压型钢板》（GB/T 12755）要求，宜选用闭口型热镀锌钢板，其基板应选用厚度不小于 0.5mm 的双面热镀锌钢板。在组合楼板的正弯矩区应根据使用阶段的受力情况及防火设计的要求确定是否配置受力钢筋。压型钢板公母肋扣合处，应采用有效的机械连接固定；当采用自攻螺丝或拉铆钉固定时，固定间距不宜大于 500mm。

（2）屋面板选用钢筋桁架楼承板，应满足建筑防水、保温、耐腐蚀性能和结构承载等功能。钢筋桁架楼承板的型号及技术参数根据《钢筋桁架楼承板》（JG/T 368）选用，屋面钢筋桁架楼承板建议选用 TD-3，楼板厚度取 120mm。底模钢板厚度不应小于 0.5mm，宜采用咬口式搭缝构造。

（3）压型钢板或楼承板端部的连接宜采用圆柱头栓钉将压型钢板与钢梁焊接固定，栓钉宜穿透压型钢板焊于钢梁翼缘上。栓钉的直径不宜大于 19mm。

7.2.5.6 钢结构防腐和防火

1. 钢结构防腐

（1）钢结构建筑物梁柱均应进行防腐处理，可采用热镀锌、冷喷锌或涂层防腐。

（2）钢柱脚埋入地下部分应采用比基础或连接处混凝土等级高一级的混凝土包裹，包裹厚度不宜小于 50mm。

2. 钢结构防火

（1）配电装置室（楼）的耐火等级为二级，厂房耐火等级为二级时，钢

柱耐火极限为 2.5h，钢梁的耐火极限为 1.5h；如厂房为单层布置，钢柱的耐火极限为 2h。

（2）根据建筑物耐火等级确定各构件的耐火极限，选择厚、薄型的防火涂料。防火涂料的厚度应满足表 7-5 的要求。防火涂料的黏结强度宜大于 0.05MPa；钢结构节点部位的防火涂料宜适当加厚。

表 7-5　　　　　　　　防火涂料的耐火极限

涂层厚度/mm	20	30	40	50
耐火极限/h	1.5	2	2.5	3

7.2.6　装配式构筑物

7.2.6.1　围墙

（1）围墙形式可采用大砌块实体围墙，砌体材料因地制宜，采用环保材料（如混凝土空心砌块），高度不低于 2.3m。砌块推荐尺寸为 600mm（长）×300mm（宽）×300mm（高）。围墙中及转角处设置构造柱，构造柱间距不宜大于 3m，采用标准钢模浇制。当造价较为经济时，可采用装配式围墙，如城市规划有特殊要求的变电站可采用通透式围墙。

（2）饰面及压顶。围墙饰面采用水泥砂浆或干黏石抹面。围墙压顶应采用预制压顶。

（3）围墙变形缝。围墙变形缝宜留在墙垛处，缝宽 20~30mm，并与墙基础伸缩缝上下贯通，变形缝间距 10~20m。

7.2.6.2　大门

变电站大门宜采用电动实体推拉门，宽度为 5.0m，门高不宜小于 2.00m。

7.2.6.3　防火墙

（1）主变压器防火墙宜采用框架＋大砌块、框架＋预制墙板、组合钢模板清水钢筋混凝土等形式。墙体需满足耐火极限不小于 3h 的要求。装配式防火墙应根据主变压器构架钢管根开和防火墙长度设置钢筋混凝土现浇柱。

（2）主变压器防火墙的耐火等级为一级，墙应高出油枕顶，墙长应不小于贮油坑两侧各 1m。结构采用平法布置表示梁、柱的配筋。

（3）防火墙墙体材料应采用环保材料，宜就地取材。墙体材料可采用混凝土空心砌块，砌块尺寸推荐为 600mm×300mm×300mm，水泥砂浆

抹面。

7.2.6.4　电缆沟

（1）配电装置区不设置电缆支沟，可采用电缆埋管或电缆排管。电缆沟宽度宜采用 800mm、1100mm、1400mm。

（2）电缆支沟可采用电缆槽盒，主电缆沟宜采用砌体、现浇混凝土或钢筋混凝土沟体，砌体沟体顶部宜设置预制压顶。沟深不大于 1000mm 时，沟体宜采用砌体；沟体不小于 1000mm 或离路边小于 1000mm 时，沟体宜采用现浇混凝土。在湿陷性黄土地区，采用混凝土电缆沟。电缆沟沟壁应高出场地地坪 100mm。当造价较为经济时，可采用装配式电缆沟。

（3）电缆沟盖板采用包角钢混凝土盖板或有机复合盖板。盖板每边宜超出沟壁（压顶）外沿 50mm。电缆沟支架宜采用角钢支架。潮湿环境下，宜采用复合支架。

7.2.6.5　设备支架

（1）设备支架应与构架的结构型式相协调，可采用钢管结构，钢管宜采用 273mm×6mm、300mm×6mm 等。管母支架采用"T"形支架或"π"形支架。设备支架钢管与基础之间宜采用地脚螺栓连接。接地件根据电气要求设置，接地件位于柱外侧。柱脚排水孔设在支架柱最低点。

（2）防腐。支架应根据大气腐蚀介质采取有效的防腐措施，对通常环境条件的钢结构宜采用热镀锌防腐或冷喷锌。

（3）支架基础。采用标准钢模浇制混凝土，基础尺寸推荐采用 900mm、1200mm、1500mm。

7.2.6.6　避雷针

（1）独立避雷针采用钢管结构型式。

（2）对一般气候条件地区，避雷针钢材应具有常温冲击韧性的合格保证；当结构工作环境温度低于 0℃但高于 −20℃时，避雷针钢材应具有 0℃冲击韧性的合格保证；当结构工作环境温度低于 −20℃时，避雷针钢材应具有 −20℃冲击韧性的合格保证。

（3）应严格控制避雷针针身的长细比，法兰连接处应采用有劲肋板法兰刚性连接。法兰连接螺栓应采用 7.8 级高强度螺栓（C 级），双帽双垫，螺栓规格不小于 M20。螺栓的紧固应采用力矩扳手，安装时的紧固力矩需满足《钢结构工程施工质量验收标准》（GB 50205）的相关要求。

7.2.7　给排水

7.2.7.1　给水

（1）生活给水。变电站生活用水水源应根据供水条件综合比较确定，宜采用自来水或打井供水。

（2）消防给水。变电站消防给水量应按火灾时一次最大消防用水量，即所有室内外消防用水量及设备用水量之和计算。

7.2.7.2　排水

（1）场地排水应根据站区地形、地区降雨量、土质类别、站区竖向及道路综合布置，变电站内排水系统宜采用分流制排水。站区雨水采用散排或集中排放。生活污水排入市政污水管网或化粪池储存、定期清理。

（2）若变电站内雨水采用强排式，宜采用地下或半地下式排水泵站。

（3）事故油池的有效贮油池容积按变电站内油量最大的一台变压器或高压电抗器的 100% 油量设计。事故排油经事故油池分离后进行回收。

（4）排水设施在经济合理的情况下，可采用成品构件。

7.2.8　暖通

（1）变电站的二次设备室等房间设置分体空调。在采暖地区，房间采用分散电采暖设备。配电装置室宜设置低噪声风机，机械排风、自然进风，排除设备运行时产生的热量。正常通风降温系统可兼作事故后排烟用。

（2）采用 SF₆ 气体绝缘设备的配电装置室内应配置 SF_6 气体探测器，SF_6 事故通风系统应与 SF_6 报警装置联动；采暖通风系统与消防报警系统应能联动闭锁，同时具备自动启停、现场控制和远方控制功能。

（3）室内存在保护装置的开关柜室，当室内环境温度超过 5～30℃范围，应考虑配置空调等有效的调温措施；当室内日平均相对湿度大于 95% 或月平均相对湿度大于 75%，应考虑配置除湿设备。

7.2.9　消防

7.2.9.1　建筑物消防

（1）根据《火力发电厂与变电站设计防火标准》（GB 50229）、《建筑设计防火规范》（GB 50016），户外单层钢结构厂房建筑体积不超过 3000m³，建筑物危险性等级为戊类，耐火等级不低于二类，可不设置消防给水系统。户内变电站配电装置楼危险等级为丙类，设置消防给水及室内外消火栓系统。

（2）建筑物室内外及配电装置区采用移动式化学灭火器。灭火器应结合配置场所的火灾种类和危险等级，按现行规范配置。

7.2.9.2　主变压器消防

主变压器采用移动式化学灭火器。

7.2.9.3　电缆沟消防

电缆从室外进入室内的入口处、电缆竖井的出入口处、电缆接头处、配电装置室与电缆夹层之间的电缆沟或隧道，均采取防止电缆火灾蔓延的阻燃或分隔措施：采用防火隔墙或隔板，并用防火材料封堵电缆通过的孔洞；电缆局部涂防火涂料或局部采用防火带、防火槽盒。电缆隧道人员出入口应满足火灾时人员疏散需要，门应为乙级防火门。在城镇公共区域开挖式隧道的人员出入口间距不宜大于 200m，非开挖式隧道的人员出入口间距可适当加大。隧道首末端无安全门时，宜在距离首末端不大于 5m 处设置人员出入口。

7.2.9.4　火灾报警

站内设置火灾自动探测报警系统，报警信号上传至地区监控中心及相关单位。

第 3 篇　冀北通用设计土建施工图实施方案

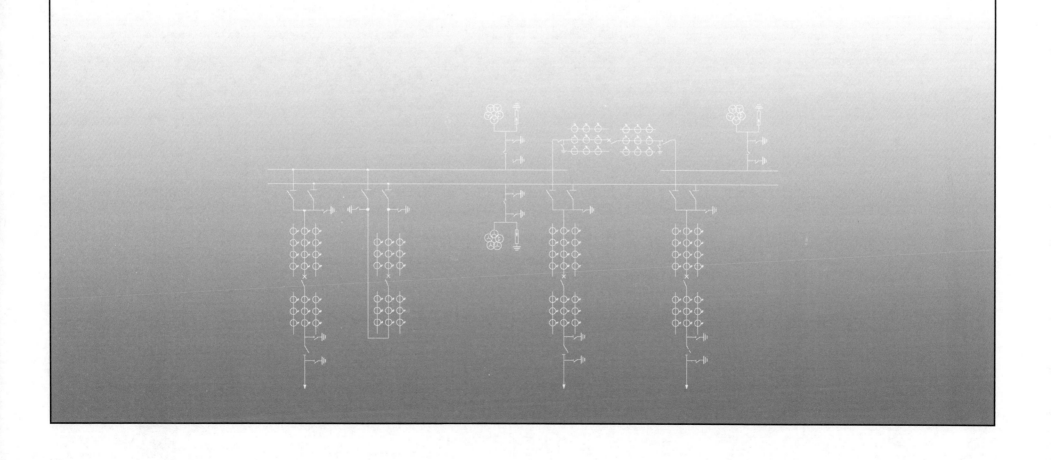

第8章　JB－110－A3－2通用设计土建实施方案

8.1　JB－110－A3－2土建方案设计说明

本实施方案技术条件见表8－1。

表8－1　　　　　　　　　　　　　　　　　JB－110－A3－2土建方案技术条件表

序号	方案编号	子方案	适用条件（1）	适用条件（2）	技　术　条　件
1	JB－110－A3－2	（A）	7度0.1g	（1）城市近郊、开发区、规划区。 （2）受征地限制的地区。 （3）污秽较严重的地区。 （4）架空出线条件困难的工程。 （5）对噪声环境要求较高的地区	场地条件海拔小于1000m，设计风速不大于30m/s，地基承载力特征值 $f_{ak}=150kPa$，无地下水影响，场地同一设计标高。 围墙内占地面积0.9918hm²；全站总建筑面积1242m²；其中配电装置室建筑面积1138m²；建筑物结构型式为装配式钢框架结构。 建筑物外墙采用压型钢板复合板或纤维水泥板，内墙采用防火石膏板或轻质复合内墙板，屋面板采用大砌块围墙或装配式围墙或通透式围墙。 支架基础采用定型钢模浇筑，支架与基础采用地脚螺栓连接
		（B）	8度0.2g		
		（C）	8度0.3g		

8.2　JB－110－A3－2土建卷册目录

本实施方案土建卷册目录见表8－2。

表8－2　　　　　　　　　　　　　　　　　JB－110－A3－2土建卷册目录

序号	卷　册　编　号	卷　册　名　称
1	JB－110－A3－2－T0101	土建施工总说明及卷册目录
2	JB－110－A3－2－T0102	总平面布置图
3	JB－110－A3－2－T0201	配电装置室建筑施工图
4	JB－110－A3－2－T0202（A、B、C）	配电装置室结构施工图
5	JB－110－A3－2－T0205	警卫室建筑施工图
6	JB－110－A3－2－T0206	警卫室结构施工图
7	JB－110－A3－2－T0301	主变场地基础施工图
8	JB－110－A3－2－T0302	独立避雷针施工图
9	JB－110－A3－2－S0101	给排水施工图
10	JB－110－A3－2－S0102	消防部分施工图
11	JB－110－A3－2－S0103	事故油池施工图
12	JB－110－A3－2－N0101	暖通施工图

8.3　JB－110－A3－2土建主要图纸（见图8－1～图8－29）

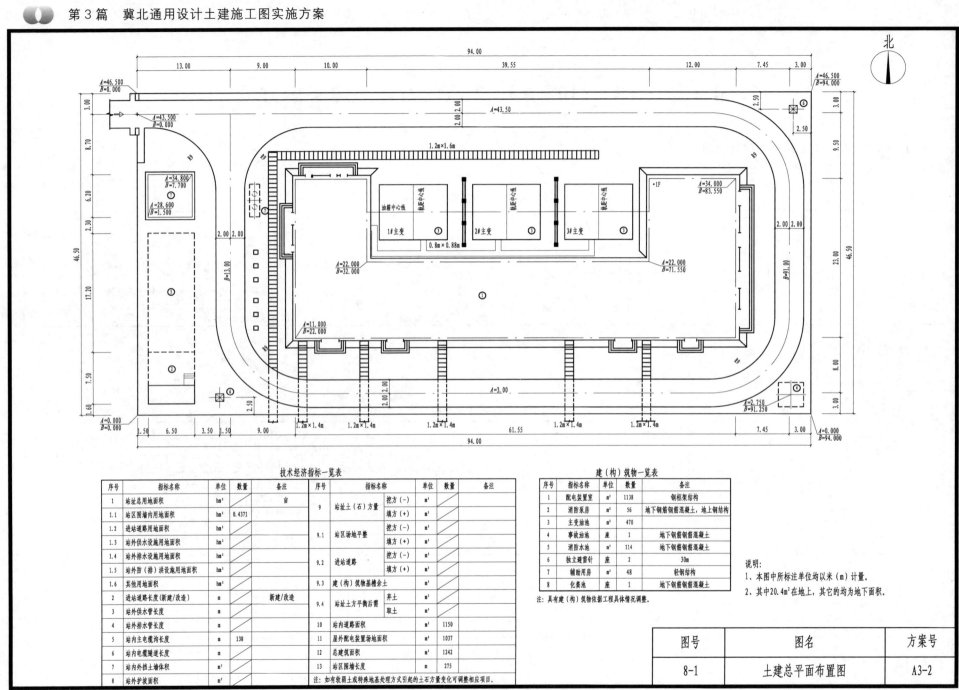

技术经济指标一览表

序号	指标名称	单位	数量	备注	序号	指标名称		单位	数量	备注
1	站址总用地面积	hm²		亩	9	站址土(石)方量	挖方(-)	m³		
1.1	站区围墙内用地面积	hm²	0.4371				填方(+)	m³		
1.2	进站道路用地面积	hm²			9.1	站区场地平整	挖方(-)	m³		
1.3	站外供水设施用地面积	hm²					填方(+)	m³		
1.4	站外排水设施用地面积	hm²			9.2	进站道路	挖方(-)	m³		
1.5	站外防(排)洪设施用地面积	hm²					填方(+)	m³		
1.6	其他用地面积	hm²			9.3	建(构)筑物基槽余土		m³		
2	进站道路长度(新建/改造)	m		新建/改造	9.4	站址土方平衡后需	弃土	m³		
3	站外供水管长度	m					取土	m³		
4	站外排水管长度	m			10	站内道路面积		m²	1150	
5	站内主电缆沟长度	m	138		11	屋外配电装置场地面积		m²	1037	
6	站内电缆隧道长度	m			12	总建筑面积		m²	1242	
7	站内外挡土墙体积	m³			13	站区围墙长度		m	275	
8	站外护面面积	m²			注：如有软弱土或特殊地基处理方式引起的土石方量变化可调整相应项目。					

建(构)筑物一览表

序号	指标名称	单位	数量	备注
1	配电装置室	m²	1138	钢框架结构
2	消防泵房	m²	56	地下钢筋钢筋混凝土，地上钢结构
3	主变油池	m²	470	
4	事故油池	座	1	地下钢筋钢筋混凝土
5	消防水池	m²	114	地下钢筋钢筋混凝土
6	独立避雷针	座	2	30m
7	辅助用房	m²	48	轻钢结构
8	化粪池	座	1	地下钢筋钢筋混凝土

注：具有建(构)筑物依据工程具体情况调整。

说明：
1、本图中所标注单位均以米(m)计量。
2、其中20.4m²在地上，其它的均为地下面积。

图号	图名	方案号
8-1	土建总平面布置图	A3-2

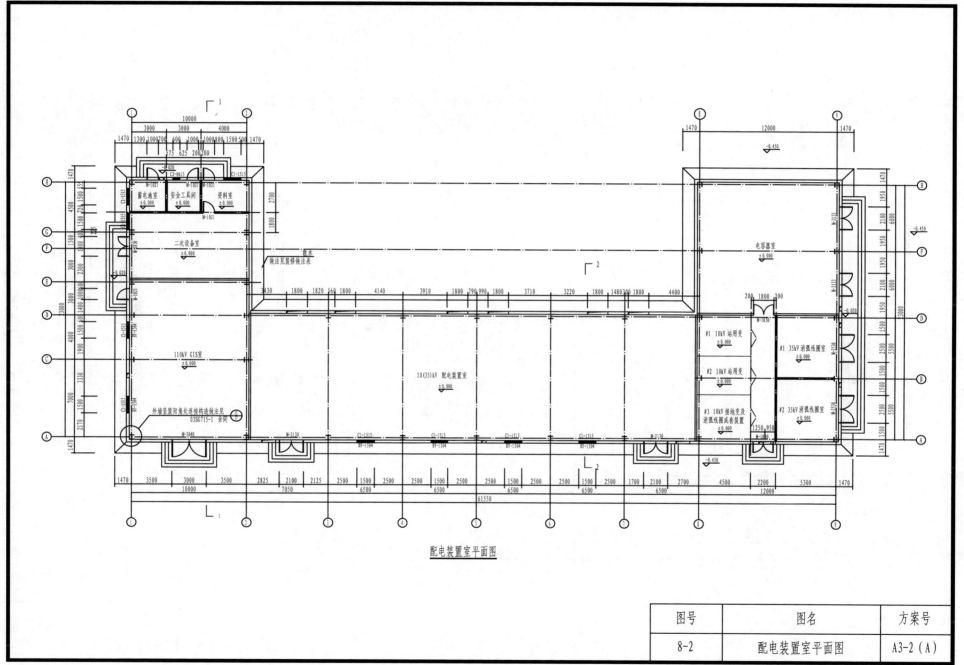

配电装置室平面图

图号	图名	方案号
8-2	配电装置室平面图	A3-2 (A)

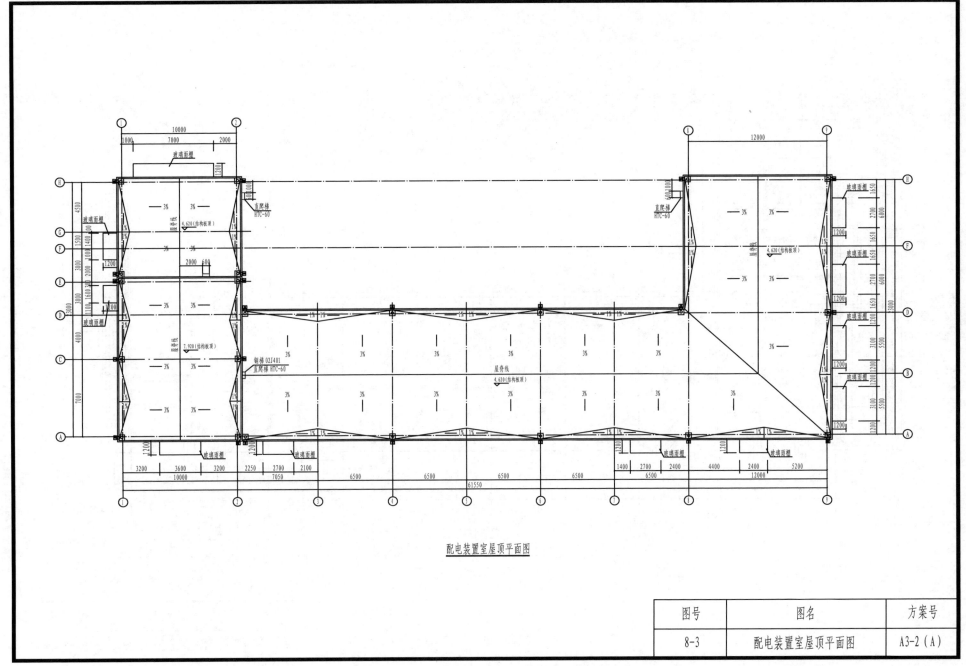

配电装置室屋顶平面图

图号	图名	方案号
8-3	配电装置室屋顶平面图	A3-2（A）

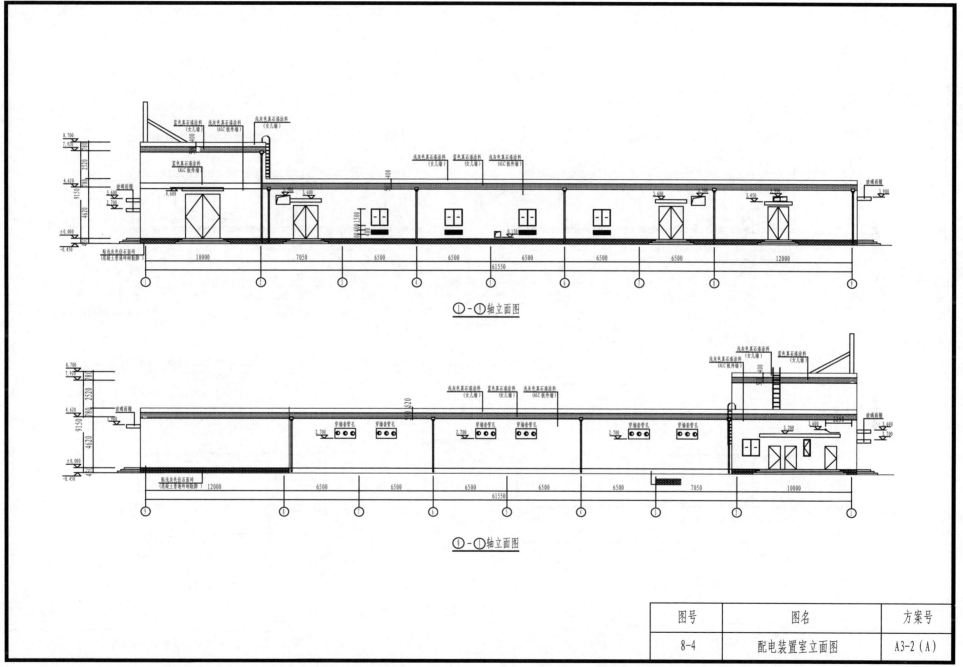

图号	图名	方案号
8-4	配电装置室立面图	A3-2 (A)

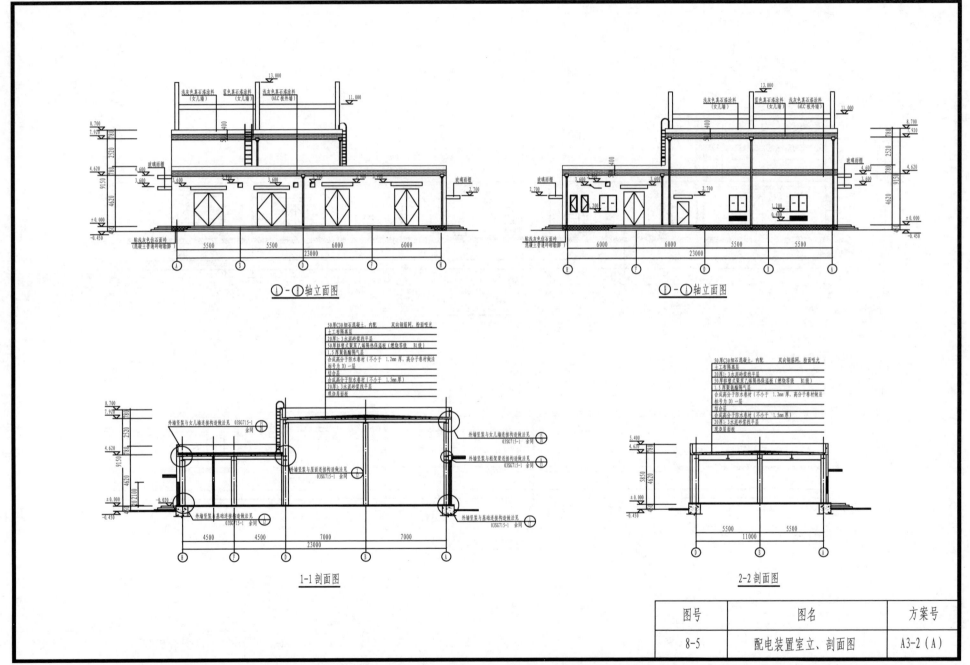

①—⑪轴立面图

⑪—①轴立面图

1-1 剖面图

2-2 剖面图

图号	图名	方案号
8-5	配电装置室立、剖面图	A3-2（A）

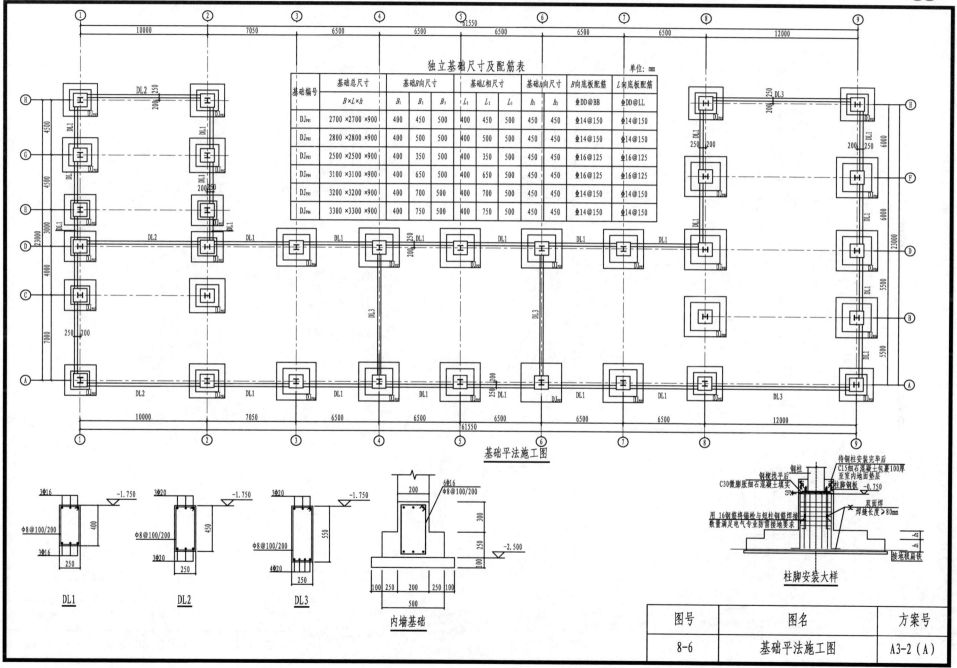

独立基础尺寸及配筋表

基础编号	基础总尺寸 B×L×h	基础B向尺寸 B₁	B₂	B₃	基础L向尺寸 L₁	L₂	L₃	基础h向尺寸 h₁	h₂	B向底板配筋 ΦDD@BB	L向底板配筋 ΦDD@LL
DJ₍₁	2700×2700×900	400	450	500	400	450	500	450	450	Φ14@150	Φ14@150
DJ₍₂	2800×2800×900	400	500	500	400	500	500	450	450	Φ14@150	Φ14@150
DJ₍₃	2500×2500×900	400	350	500	400	350	500	450	450	Φ16@125	Φ16@125
DJ₍₄	3100×3100×900	400	650	500	400	650	500	450	450	Φ16@125	Φ16@125
DJ₍₅	3200×3200×900	400	700	500	400	700	500	450	450	Φ14@150	Φ14@150
DJ₍₆	3300×3300×900	400	750	500	400	750	500	450	450	Φ14@150	Φ14@150

基础平法施工图

DL1 DL2 DL3 内墙基础 柱脚安装大样

图号	图名	方案号
8-6	基础平法施工图	A3-2（A）

— 33 —

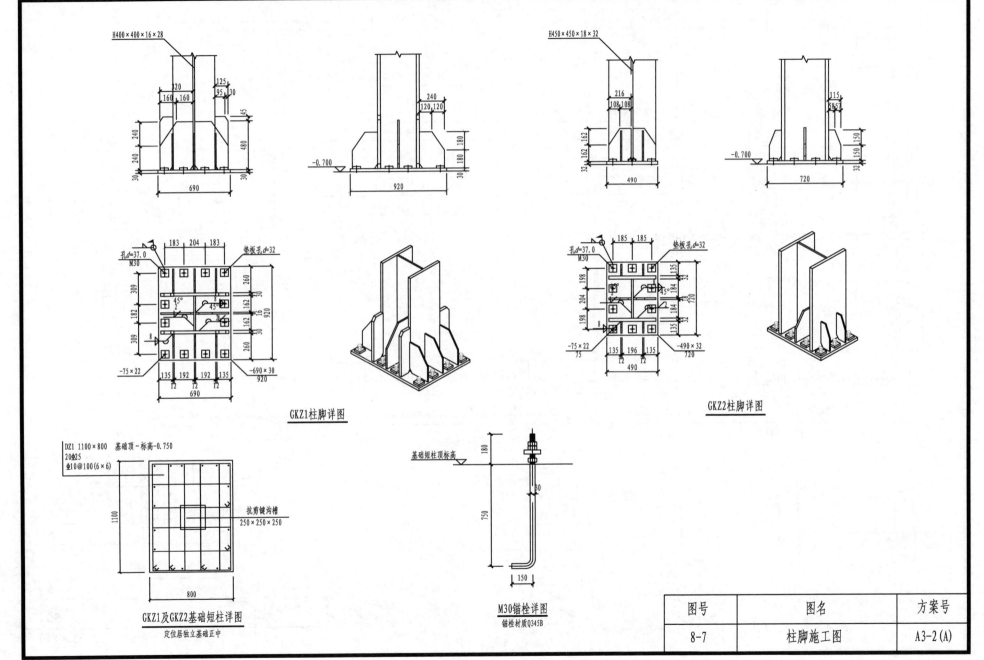

GKZ1柱脚详图

GKZ2柱脚详图

DZ1 1100×800　基础顶~标高-0.750
20Φ25
Φ10@100(6×6)

抗剪键沟槽
250×250×250

GKZ1及GKZ2基础短柱详图
定位居立独基础正中

M30锚栓详图
锚栓材质Q345B

基础短柱顶标高

图号	图名	方案号
8-7	柱脚施工图	A3-2(A)

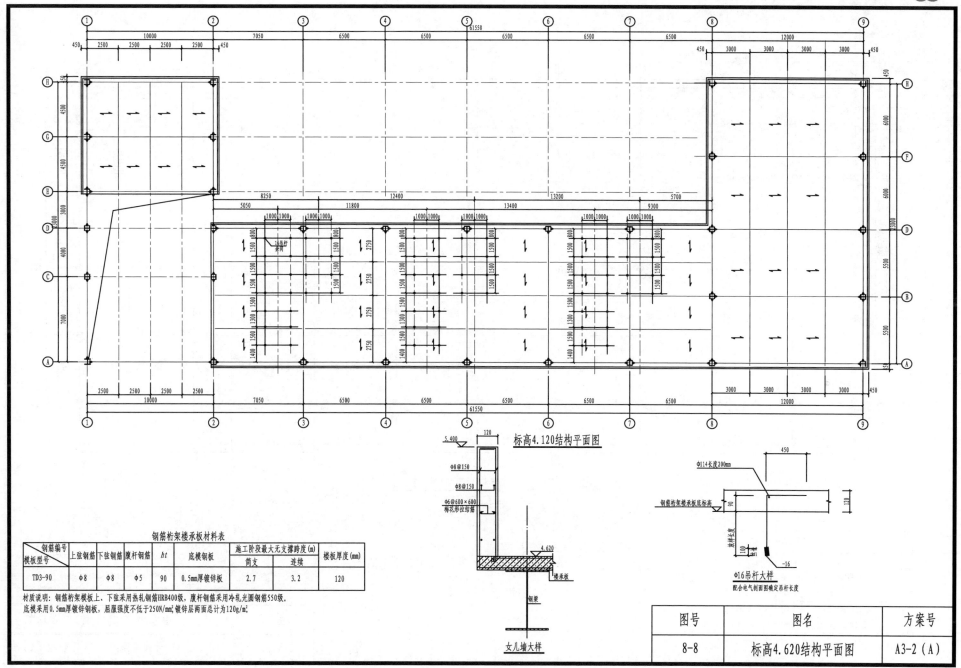

标高4.120结构平面图

钢筋桁架楼承板材料表

钢筋编号 模板型号	上弦钢筋	下弦钢筋	腹杆钢筋	ht	底模钢板	施工阶段最大无支撑跨度(m)		楼板厚度(mm)
						简支	连续	
TD3-90	Φ8	Φ8	Φ5	90	0.5mm厚镀锌板	2.7	3.2	120

材质说明：钢筋桁架模板上、下弦采用热轧钢筋HRB400级，腹杆钢筋采用冷轧光圆钢筋550级。
底模采用0.5mm厚镀锌钢板，屈服强度不低于250N/mm²，镀锌层两面总计为120g/m²。

Φ16吊杆大样
配合电气剖面图确定吊杆长度

女儿墙大样

图号	图名	方案号
8-8	标高4.620结构平面图	A3-2（A）

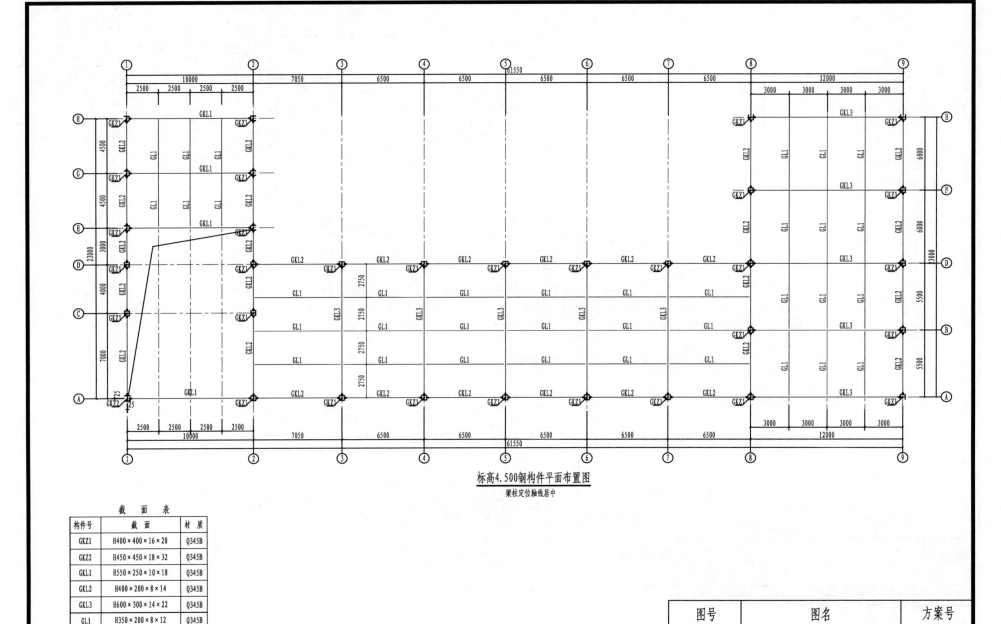

标高4.500钢构件平面布置图

梁柱定位轴线居中

截　面　表

构件号	截　面	材　质
GKZ1	H400×400×16×28	Q345B
GKZ2	H450×450×18×32	Q345B
GKL1	H550×250×10×18	Q345B
GKL2	H400×200×8×14	Q345B
GKL3	H600×300×14×22	Q345B
GL1	H350×200×8×12	Q345B

图号	图名	方案号
8-9	标高4.500结构平面图	A3-2（A）

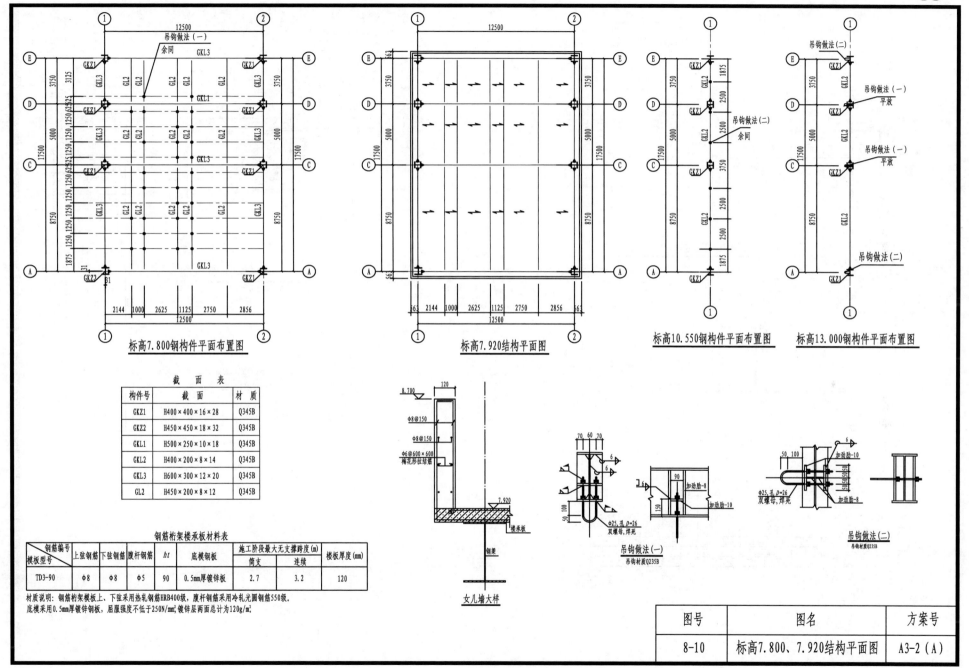

标高7.800钢构件平面布置图

标高7.920结构平面图

标高10.550钢构件平面布置图

标高13.000钢构件平面布置图

截 面 表		
构件号	截 面	材 质
GKZ1	H400×400×16×28	Q345B
GKZ2	H450×450×18×32	Q345B
GKL1	H500×250×10×18	Q345B
GKL2	H400×200×8×14	Q345B
GKL3	H600×300×12×20	Q345B
GL2	H450×200×8×12	Q345B

钢筋桁架楼承板材料表

钢筋编号 模板型号	上弦钢筋	下弦钢筋	腹杆钢筋	h_t	底模钢板	施工阶段最大无支撑跨度(m)		楼板厚度(mm)
						简支	连续	
TD3-90	Φ8	Φ8	Φ5	90	0.5mm厚镀锌板	2.7	3.2	120

材质说明：钢筋桁架模板上、下弦采用热轧钢筋HRB400级，腹杆钢筋采用冷轧光圆钢筋550级。
底模采用0.5mm厚镀锌钢板，屈服强度不低于250N/mm²，镀锌层两面总计为120g/m²。

女儿墙大样

吊钩做法(一)
吊钩材质Q235B

吊钩做法(二)
吊钩材质Q235B

图号	图名	方案号
8-10	标高7.800、7.920结构平面图	A3-2（A）

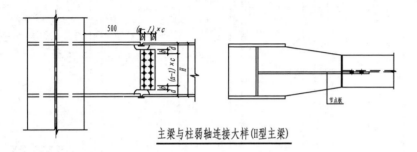

主梁与柱弱轴连接大样(H型主梁)

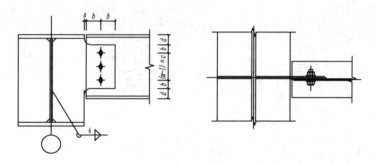

次梁与主梁铰接连接大样(H型主梁)

加劲肋厚取次梁截面较大者

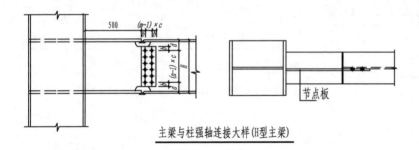

主梁与柱强轴连接大样(H型主梁)

次梁与主梁铰接连接选用表   单位: mm

次梁编号	截面尺寸 $H \times B \times t_w \times t_f$	a	b	c	d	螺栓($n \times 1$)	加劲板厚
1	H350×200×8×12	5	45	70	70	4M20 (1×4)	10
2	H450×200×8×12	5	45	77.5	70	5M20 (1×5)	10

主梁与柱连接选用表   单位: mm

主梁编号	截面尺寸 $H \times B \times t_w \times t_f$	a	b	c	d	螺栓($m \times n$)	节点板厚
1	H600×300×14×22	5	55	70	90	28M20 (4×7)	16
2	H600×300×12×20	5	55	70	90	21M20 (3×7)	16
3	H550×250×10×18	5	55	75	87.5	18M20 (3×6)	14
4	H400×200×8×14	5	55	60	80	10M20 (2×5)	12

图号	图名	方案号
8-11	梁柱节点详图	A3-2 (A)

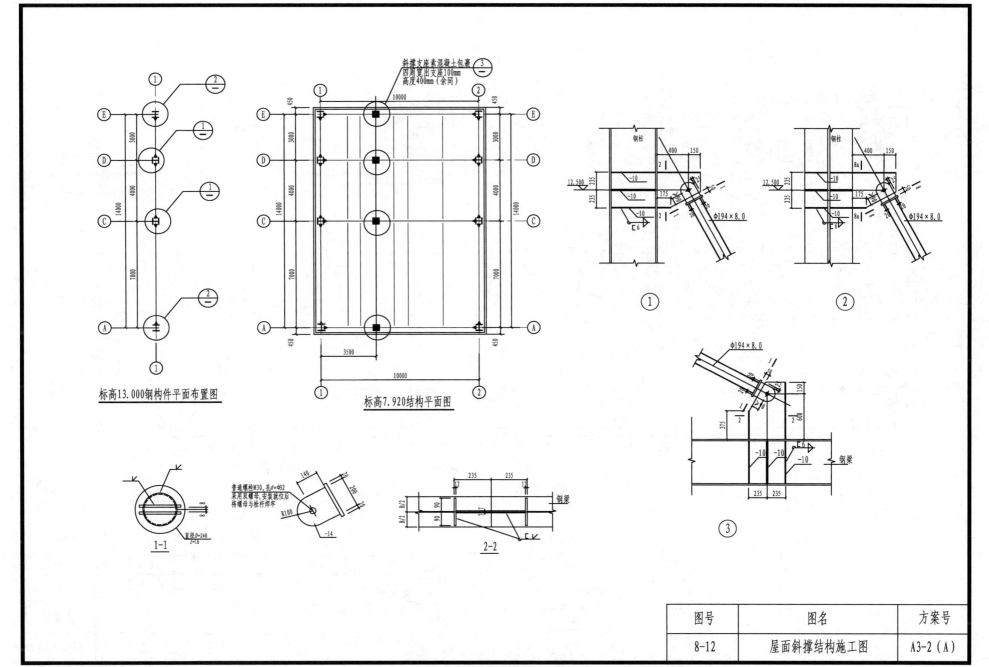

标高13.000钢构件平面布置图

标高7.920结构平面图

斜撑支座素混凝土包裹
四周宽出支座100mm
高度400mm（余同）

钢柱

①

②

③

1-1

普通螺栓M30,孔d=Φ32
采用双螺母,安装就位后
将螺母与栓杆焊牢

2-2

钢梁

图号	图名	方案号
8-12	屋面斜撑结构施工图	A3-2（A）

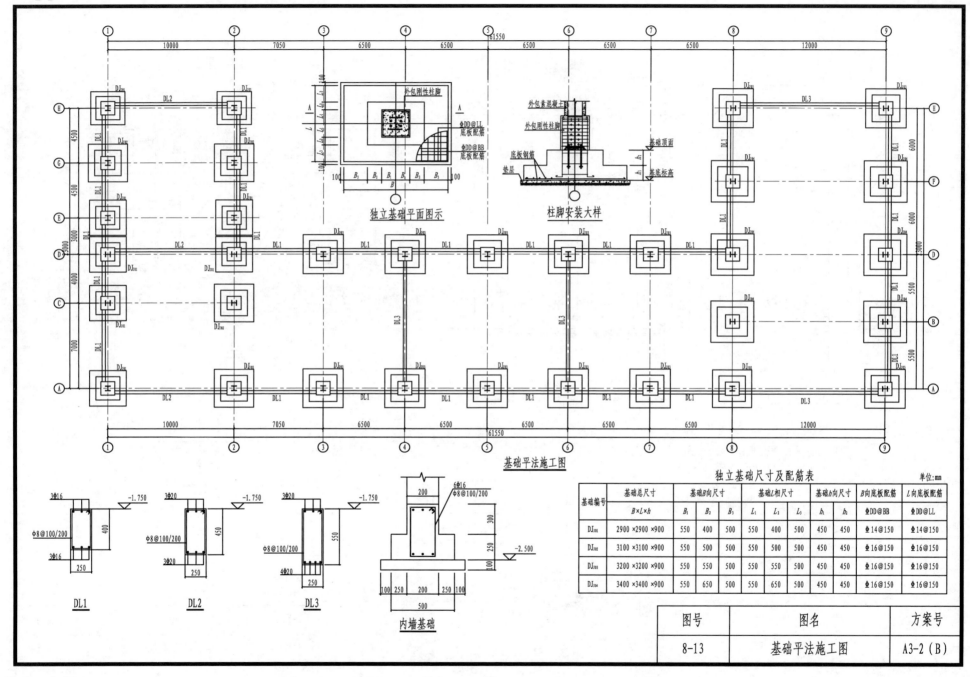

基础平法施工图

独立基础平面图示

柱脚安装大样

DL1

DL2

DL3

内墙基础

独立基础尺寸及配筋表

单位：mm

基础编号	基础总尺寸	基础B向尺寸			基础L向尺寸			基础h向尺寸		B向底板配筋	L向底板配筋
	$B \times L \times h$	B_1	B_2	B_3	L_1	L_2	L_3	h_1	h_2	$\Phi DD@BB$	$\Phi DD@LL$
DJ_{J01}	2900×2900×900	550	400	500	550	400	500	450	450	$\Phi14@150$	$\Phi14@150$
DJ_{J02}	3100×3100×900	550	500	500	550	500	500	450	450	$\Phi16@150$	$\Phi16@150$
DJ_{J03}	3200×3200×900	550	550	500	550	550	500	450	450	$\Phi16@150$	$\Phi16@150$
DJ_{J04}	3400×3400×900	550	650	500	550	650	500	450	450	$\Phi16@150$	$\Phi16@150$

图号	图名	方案号
8-13	基础平法施工图	A3-2（B）

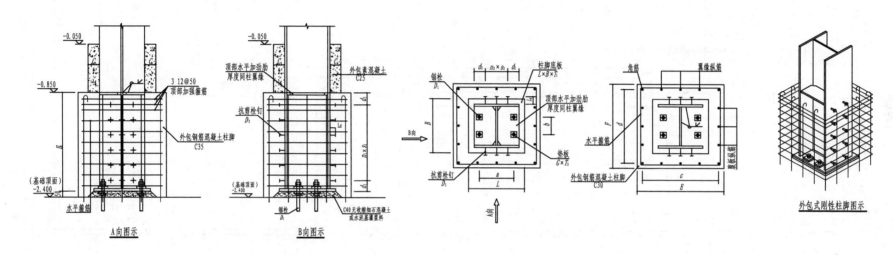

A向图示　　　　B向图示　　　　　　　　　　外包式刚性柱脚图示

H形柱外包式刚接柱脚　　　　　　　　　　　单位:mm

节点号	节点数量	柱截面	柱脚底板 $L \times B \times T_1$	锚栓 D_1	锚栓 $a \times b$	垫板 $G \times T_1$	抗剪栓钉 D_2	抗剪栓钉 L_4	抗剪栓钉 $d_1+n_1 \times s_1$, $d_1+n_2 \times s_2$	纵筋 角筋	纵筋 翼缘纵筋	纵筋 腹板纵筋	箍筋 $c \times d$	箍筋	外包钢筋混凝土柱脚 H_1	外包钢筋混凝土柱脚 $E \times F$	外包素混凝土 C_4
1	32	H400×400×18×30	500×500×30	M30	320×200	70×20	16	70	75+9×150, 70+2×130	4 36	5 36	3 36	680×680	10@100	1500	800×800	150

注:
1. 垫板的螺栓孔径为 D_1+2mm; 底板的螺栓孔径为 D_1+10mm。
2. 柱子安装完毕后,应将垫板和底板焊牢,焊脚尺寸不宜小于 10mm; 锚栓应采用双螺母(8级)紧固,螺母与垫板进行点焊。
3. 纵向受力钢筋在基础内的锚固做法:详见图集 [16G101-3] 第66页和图集[16G519] 第39页。
4. 纵向受力钢筋上下端应设置 180° 弯钩,弯钩长度不小于150mm。

锚栓选用表　　　图集:HG/T 21545-2006

螺栓型号	钢牌号	双螺母 a(mm)	双螺母 b(mm)	图集页次	选用型号	锚固长度(mm)	图例
M20	Q235B	60	90	13~15	Ⅲ-b 型	500	
M24	Q235B	70	100	13~15	Ⅲ-b 型	600	
M30	Q235B	80	110	13~15	Ⅲ-b 型	750	

注:
1. a-锚栓在垫板底面以上的露出长度。
2. b-锚栓的螺纹长度。当底板下设置调节螺母时,螺纹长度应为 $b'=(b+$下部垫板厚度+下部调节螺母厚度+10mm)。
3. 埋设锚栓时应采用锚栓固定架,确保锚栓位置的正确。锚栓固定支架做法详见图集 [16G519] 第41页。

图号	图名	方案号
8-14	柱脚施工图	A3-2 (B)

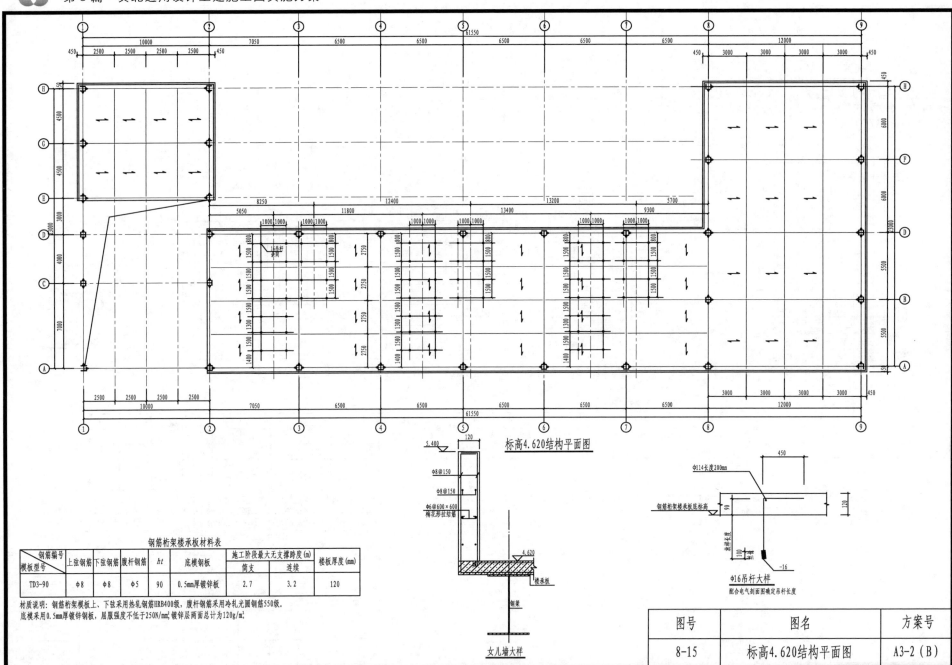

标高4.620结构平面图

钢筋桁架楼承板材料表

钢筋编号 模板型号	上弦钢筋	下弦钢筋	腹杆钢筋	h_t	底模钢筋	施工阶段最大无支撑跨度(m)		楼板厚度(mm)
						简支	连续	
TD3-90	Φ8	Φ8	Φ5	90	0.5mm厚镀锌板	2.7	3.2	120

材质说明：钢筋桁架模板上、下弦采用热轧钢筋HRB400级，腹杆钢筋采用冷轧光圆钢筋550级。
底模采用0.5mm厚镀锌钢板，屈服强度不低于250N/mm²，镀锌层两面总计为120g/m²。

女儿墙大样

Φ16吊杆大样
配合电气剖面图确定吊杆长度

图号	图名	方案号
8-15	标高4.620结构平面图	A3-2（B）

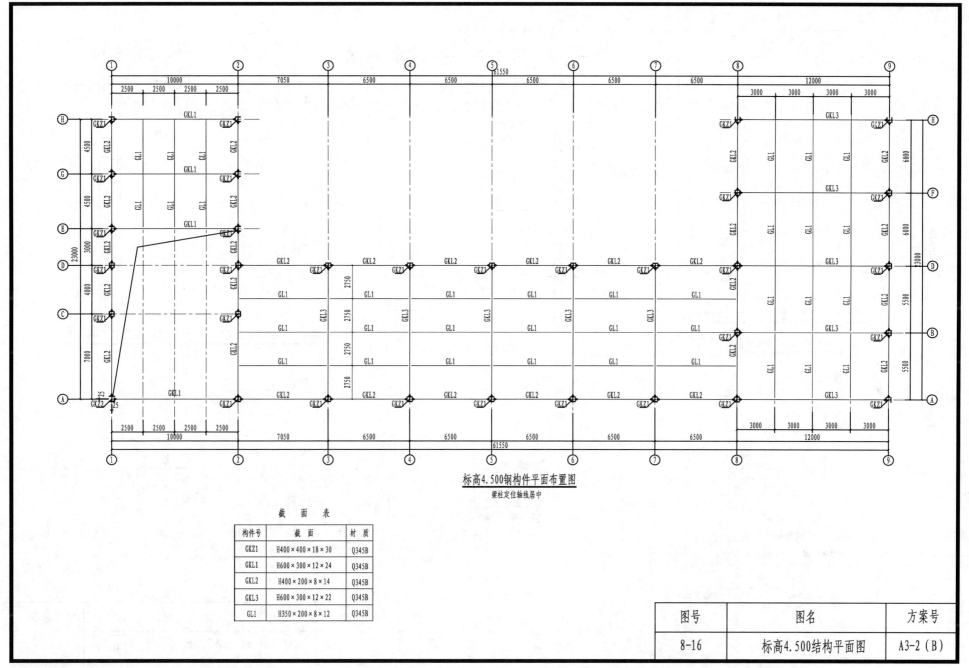

标高4.500钢构件平面布置图

梁柱定位轴线居中

截　面　表

构件号	截　面	材　质
GKZ1	H400×400×18×30	Q345B
GKL1	H600×300×12×24	Q345B
GKL2	H400×200×8×14	Q345B
GKL3	H600×300×12×22	Q345B
GL1	H350×200×8×12	Q345B

图号	图名	方案号
8-16	标高4.500结构平面图	A3-2（B）

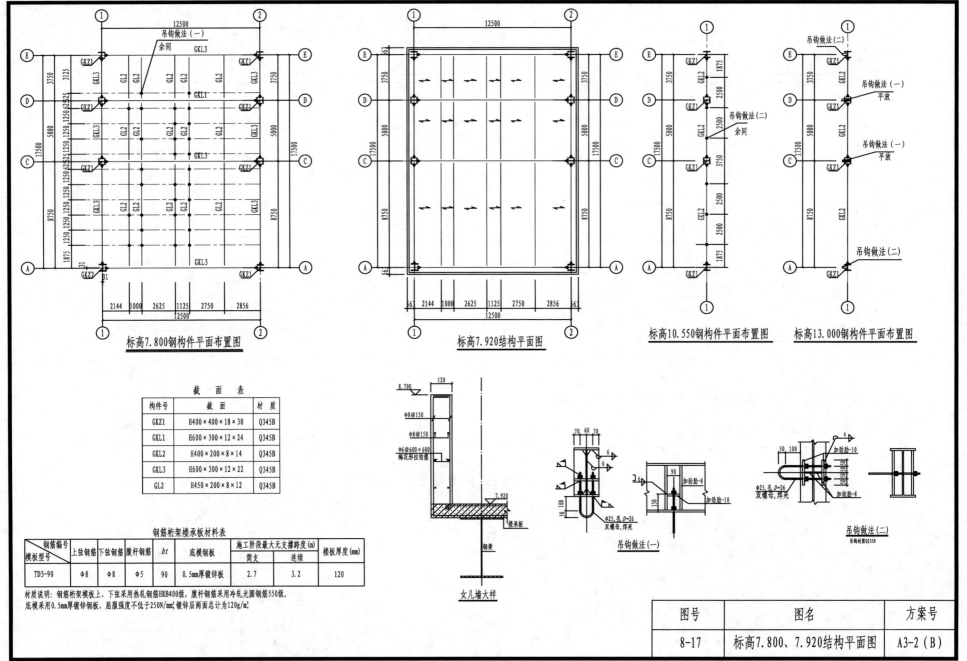

标高7.800钢构件平面布置图

标高7.920结构平面图

标高10.550钢构件平面布置图

标高13.000钢构件平面布置图

截 面 表

构件号	截 面	材 质
GKZ1	H400×400×18×30	Q345B
GKL1	H600×300×12×24	Q345B
GKL2	H400×200×8×14	Q345B
GKL3	H600×300×12×22	Q345B
GL2	H450×200×8×12	Q345B

钢筋桁架楼承板材料表

模板型号 钢筋编号	上弦钢筋	下弦钢筋	腹杆钢筋	ht	底模钢板	施工阶段最大无支撑跨度(m) 简支	连续	楼板厚度(mm)
TD3-90	Φ8	Φ8	Φ5	90	0.5mm厚镀锌板	2.7	3.2	120

材质说明：钢筋桁架模板上、下弦采用热轧钢筋HRB400级，腹杆钢筋采用冷轧光圆钢筋550级。
底模采用0.5mm厚镀锌钢板，屈服强度不低于250N/mm²，镀锌层两面总计为120g/m²。

女儿墙大样

吊钩做法(一)

吊钩做法(二)

图号	图名	方案号
8-17	标高7.800、7.920结构平面图	A3-2（B）

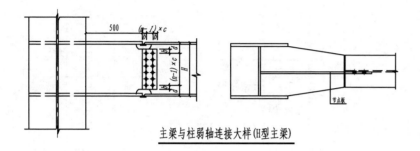

主梁与柱弱轴连接大样(H型主梁)

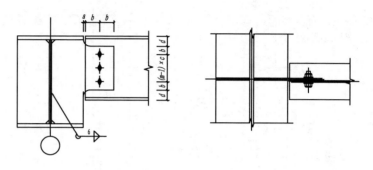

次梁与主梁铰接连接大样(H型主梁)

加劲肋厚取次梁截面较大者

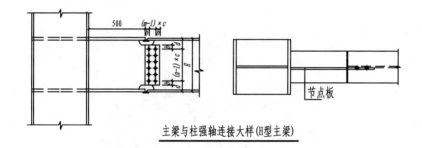

主梁与柱强轴连接大样(H型主梁)

次梁与主梁铰接连接选用表　　　单位: mm

次梁编号	截面尺寸 $H \times B \times t_w \times t_f$	a	b	c	d	螺栓($n \times 1$)	加劲板厚
1	H350×200×8×12	5	45	70	70	4M20 (1×4)	10
2	H450×200×8×12	5	45	77.5	70	5M20 (1×5)	10

主梁与柱连接选用表　　　单位: mm

主梁编号	截面尺寸 $H \times B \times t_w \times t_f$	a	b	c	d	e	螺栓($m \times n$)	节点板厚
1	H600×300×12×24	5	55	70	90	—	21M20 (3×7)	16
2	H600×300×12×22	5	55	70	90	—	21M20 (3×7)	16
3	H400×200×8×14	5	55	60	80	—	10M20 (2×5)	12

图号	图名	方案号
8-18	梁柱节点详图	A3-2（B）

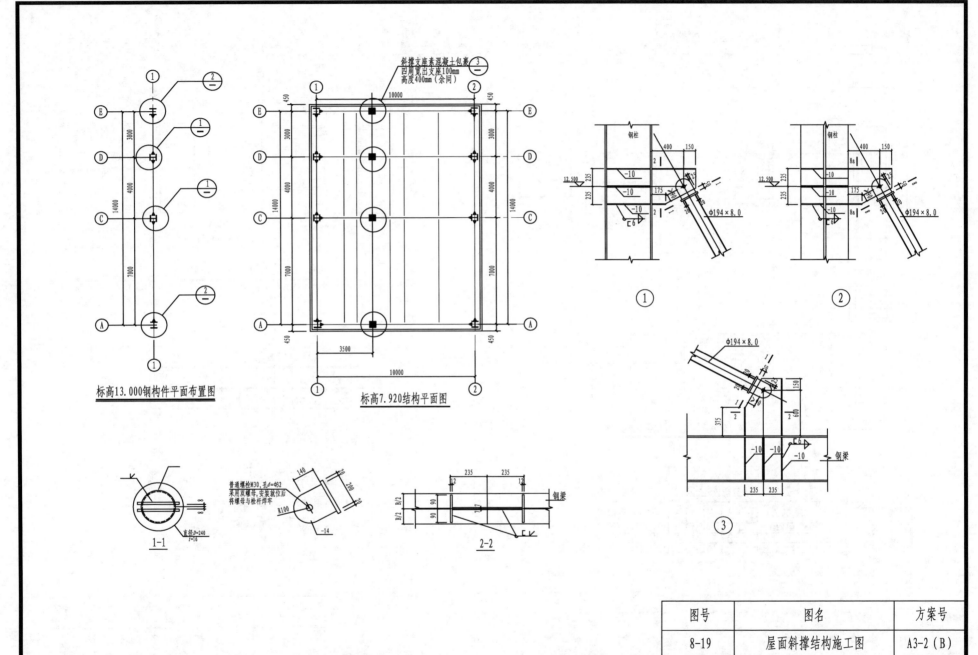

标高13.000钢构件平面布置图

标高7.920结构平面图

1-1

2-2

图号	图名	方案号
8-19	屋面斜撑结构施工图	A3-2（B）

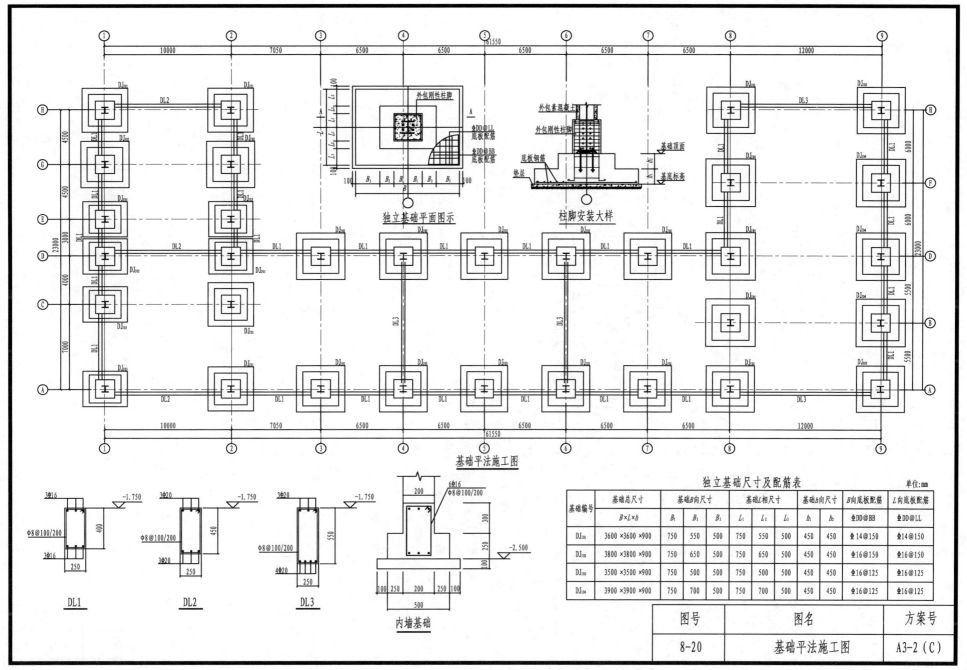

独立基础平面图示

柱脚安装大样

基础平法施工图

DL1

DL2

DL3

内墙基础

独立基础尺寸及配筋表

单位:mm

基础编号	基础总尺寸	基础B向尺寸			基础L相尺寸			基础h向尺寸		B向底板配筋	L向底板配筋
	B×L×h	B₁	B₂	B₃	L₁	L₂	L₃	h₁	h₂	⚫DD@BB	⚫DD@LL
DJ₀₁	3600×3600×900	750	550	500	750	550	500	450	450	Φ14@150	Φ14@150
DJ₀₂	3800×3800×900	750	650	500	750	650	500	450	450	Φ16@150	Φ16@150
DJ₀₃	3500×3500×900	750	500	500	750	500	500	450	450	Φ16@125	Φ16@125
DJ₀₄	3900×3900×900	750	700	500	750	700	500	450	450	Φ16@125	Φ16@125

图号	图名	方案号
8－20	基础平法施工图	A3－2（C）

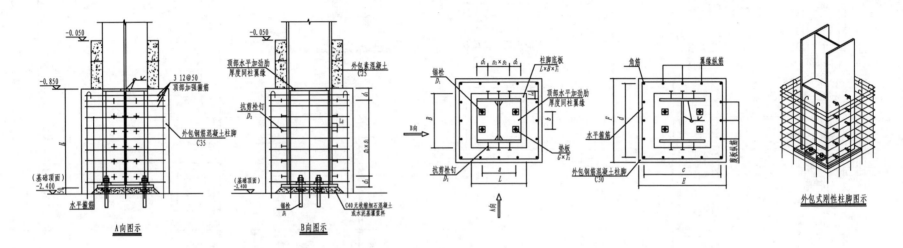

A向图示　　　B向图示　　　外包式刚性柱脚图示

H形柱外包式刚接柱脚　　　　　　　　　　　　　　　　　　单位:mm

节点号	节点数量	柱截面	柱脚底板		锚栓		垫板		抗剪栓钉				纵筋				箍筋	外包钢筋混凝土柱脚	外包素混凝土
			$L \times B \times T_1$	D_1	$a \times b$		$G \times T_2$	D_2	L_d	$d_1 + n_1 \times s_1,\ d_1 + n_2 \times s_2$			角筋	翼缘纵筋	腹板纵筋	$c \times d$		H_1	$E \times F$	C_s
1	32	H500 ×500 ×18 ×32	600 ×600 ×30	M30	420 ×300	70 ×20		16	70	75+9×150 , 70+2×130			4 36	5 36	3 36	680 ×680	10@100	1500	800 ×800	150

注: 1. 垫板的螺栓孔径为 D_1+2mm; 底板的螺栓孔径为 D_1+10mm。
2. 柱子安装完毕后, 应将垫板和底板焊牢, 焊脚尺寸不宜小于 10mm; 锚栓应采用双螺母 (8级) 紧固, 螺母与垫板进行点焊。
3. 纵向受力钢筋在基础内的锚固做法: 详见图集 [16G101-3] 第66页和图集[16G519] 第39页。
4. 纵向受力钢筋上下端应设置 180° 弯钩, 弯钩长度不小于150mm。

锚栓选用表　　　　图集:HG/T 21545-2006

螺栓型号	钢牌号	双螺母		图集页次	选用型号	锚固长度 (mm)	图例
		a(mm)	b(mm)				
M20	Q235B	60	90	13～15	Ⅲ-b 型	500	
M24	Q235B	70	100	13～15	Ⅲ-b 型	600	
M30	Q235B	80	110	13～15	Ⅲ-b 型	750	

1. a-锚栓在垫板底面以上的露出长度。
2. b-锚栓的螺纹长度。当底板下设置调节螺母时, 螺纹长度应为 b'=(b+下部垫板厚度+下部调节螺母厚度+10mm)。
3. 埋设锚栓时应采用锚栓固定架, 确保锚栓位置的正确。锚栓固定支架做法详见图集 [16G519] 第41页。

图号	图名	方案号
8-21	柱脚节点详图	A3-2 (C)

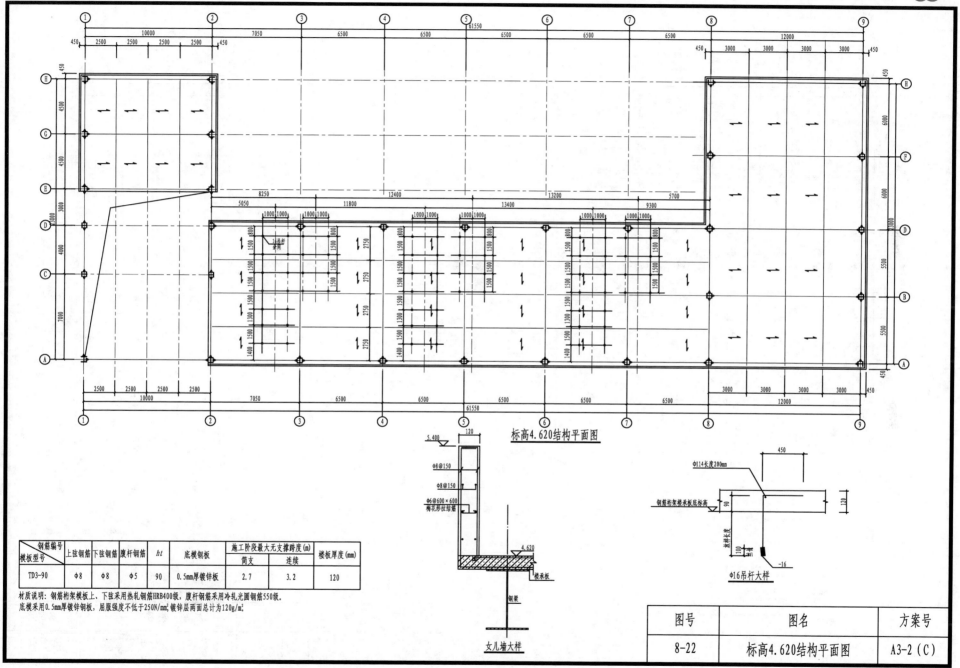

标高4.620结构平面图

女儿墙大样

Φ16吊杆大样

钢筋编号　模板型号	上弦钢筋	下弦钢筋	腹杆钢筋	ht	底模钢板	施工阶段最大无支撑跨度(m) 简支	连续	楼板厚度 (mm)
TD3-90	Φ8	Φ8	Φ5	90	0.5mm厚镀锌板	2.7	3.2	120

材质说明：钢筋桁架模板上、下弦采用热轧钢筋HRB400级，腹杆钢筋采用冷轧光圆钢筋550级。
底模采用0.5mm厚镀锌钢板，屈服强度不低于250N/mm²，镀锌层两面总计为120g/m²。

图号	图名	方案号
8-22	标高4.620结构平面图	A3-2（C）

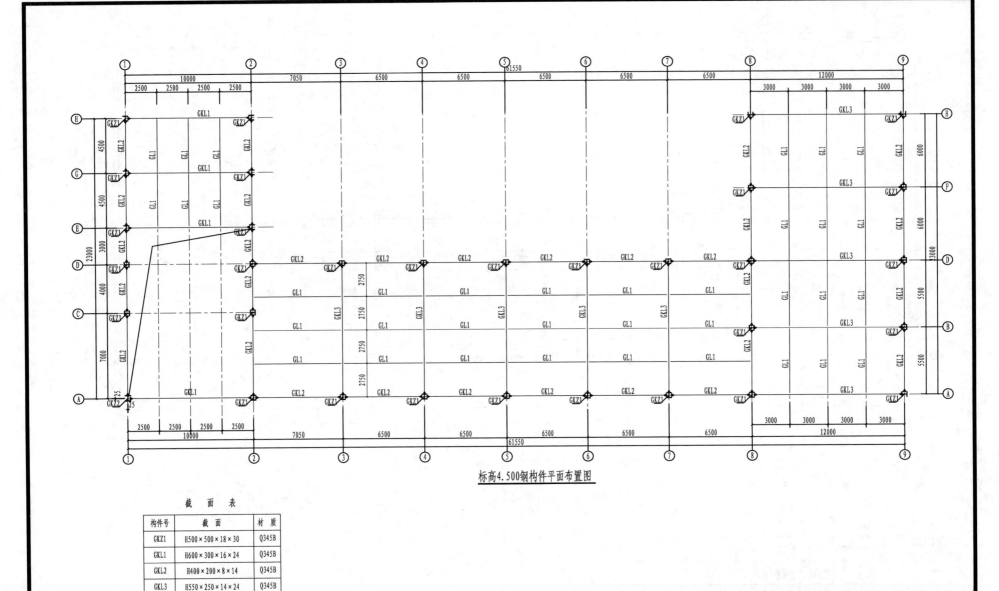

标高4.500钢构件平面布置图

截 面 表

构件号	截 面	材 质
GKZ1	H500×500×18×30	Q345B
GKL1	H600×300×16×24	Q345B
GKL2	H400×200×8×14	Q345B
GKL3	H550×250×14×24	Q345B
GL1	H350×200×8×14	Q345B

图号	图名	方案号
8-23	标高4.500结构平面图	A3-2（C）

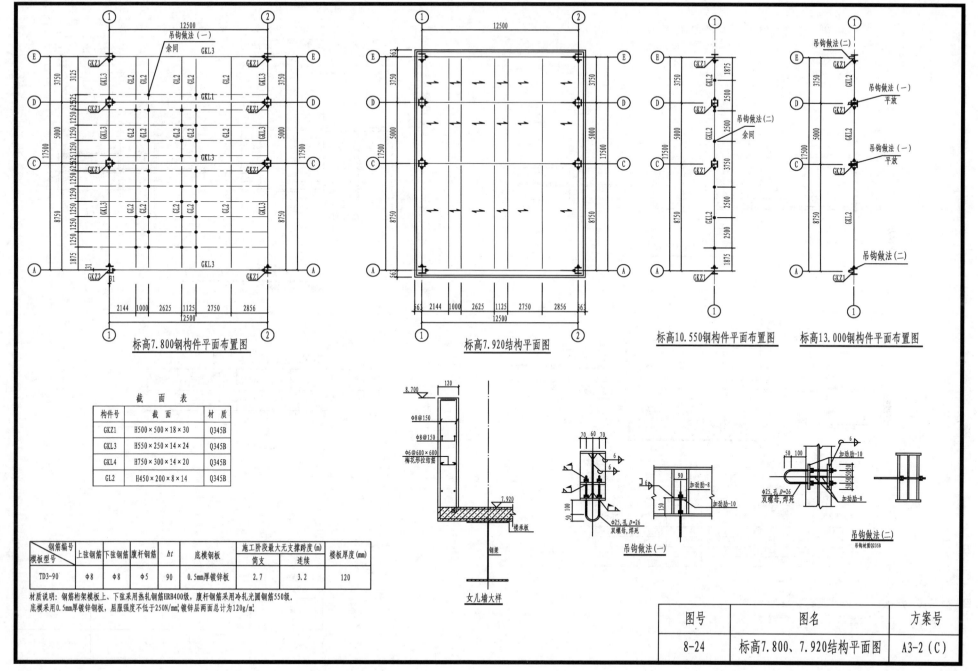

标高7.800钢构件平面布置图

标高7.920结构平面图

标高10.550钢构件平面布置图

标高13.000钢构件平面布置图

截 面 表

构件号	截 面	材 质
GKZ1	H500×500×18×30	Q345B
GKL3	H550×250×14×24	Q345B
GKL4	H750×300×14×20	Q345B
GL2	H450×200×8×14	Q345B

模板型号\钢筋编号	上弦钢筋	下弦钢筋	腹杆钢筋	ht	底模钢板	施工阶段最大无支撑跨度(m) 简支	施工阶段最大无支撑跨度(m) 连续	楼板厚度(mm)
TD3-90	Φ8	Φ8	Φ5	90	0.5mm厚镀锌板	2.7	3.2	120

材质说明：钢筋桁架模板上、下弦采用热轧钢筋HRB400级，腹杆钢筋采用冷轧光圆钢筋550级。
底模采用0.5mm厚镀锌钢板，屈服强度不低于250N/mm²，镀锌层两面总计为120g/m²。

女儿墙大样

吊钩做法（一）

吊钩做法（二）
吊钩材质Q235B

图号	图名	方案号
8-24	标高7.800、7.920结构平面图	A3-2（C）

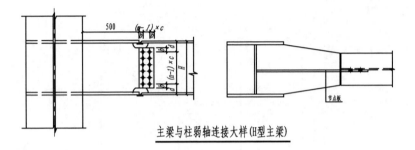

主梁与柱弱轴连接大样(H型主梁)

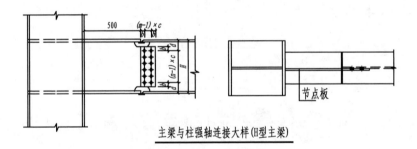

主梁与柱强轴连接大样(H型主梁)

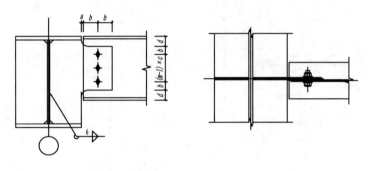

次梁与主梁铰接连接大样(H型主梁)

加劲肋厚取次梁截面较大者

次梁与主梁铰接连接选用表　　单位：mm

次梁编号	截面尺寸 $H \times B \times t_w \times t_f$	a	b	c	d	螺栓($n \times 1$)	加劲板厚
1	H350×200×8×14	5	45	70	70	4M20 (1×4)	10
2	H450×200×8×14	5	45	77.5	70	4M20 (1×4)	10

主梁与柱连接选用表　　单位：mm

主梁编号	截面尺寸 $H \times B \times t_w \times t_f$	a	b	c	d	e	螺栓($m \times n$)	节点板厚
1	H750×300×14×20	5	55	80	95	—	32M20 (4×8)	18
2	H600×300×16×24	5	55	70	90	—	28M20 (4×7)	20
3	H550×250×14×24	5	55	75	87.5	—	24M20 (4×6)	14
4	H400×200×8×14	5	55	60	80	—	10M20 (2×5)	12

图号	图名	方案号
8-25	梁柱节点详图	A3-2（B）

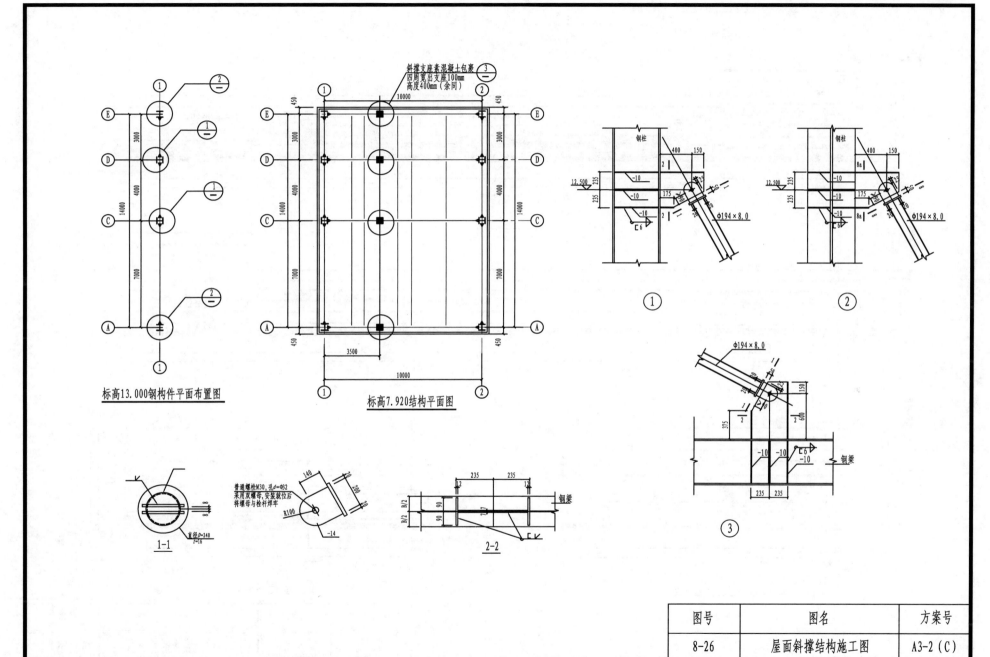

标高13.000钢构件平面布置图

标高7.920结构平面图

斜撑支座素混凝土包裹
四周宽出支座100mm
高度400mm（余同）

钢柱

钢梁

普通螺栓M30，孔d=Φ32
采用双螺母，安装就位后
持螺母与栓杆焊牢

1-1

2-2

Φ194×8.0

图号	图名	方案号
8-26	屋面斜撑结构施工图	A3-2（C）

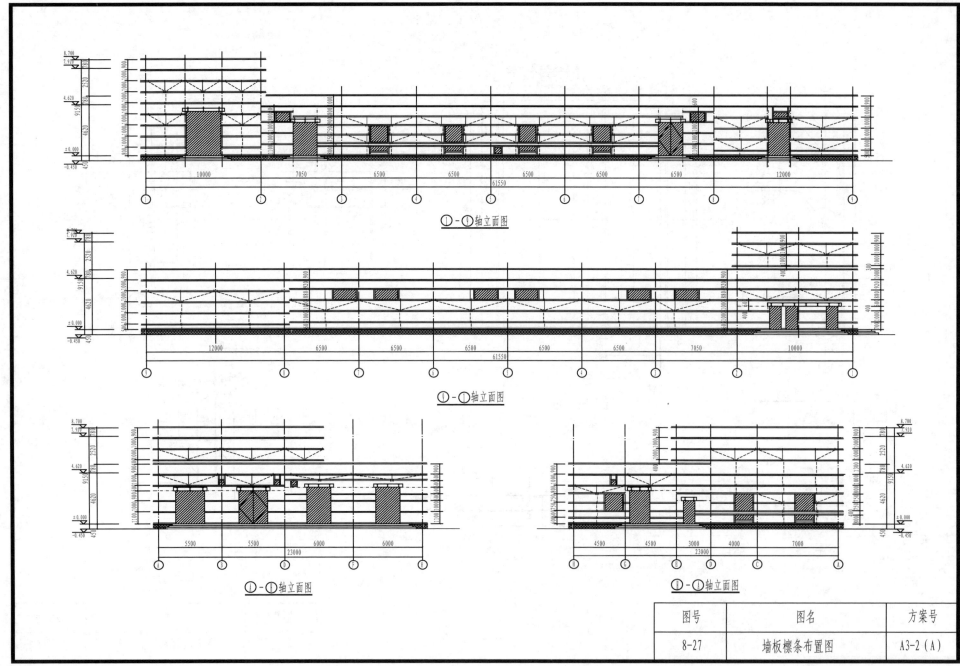

①-① 轴立面图

①-① 轴立面图

①-① 轴立面图

①-① 轴立面图

图号	图名	方案号
8-27	墙板檩条布置图	A3-2（A）

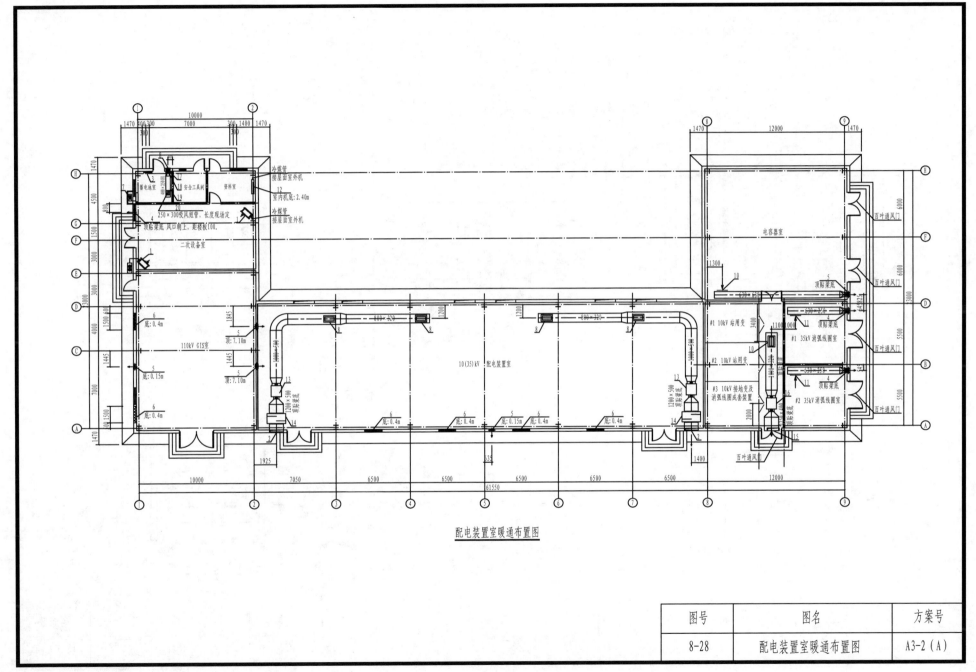

配电装置室暖通布置图

图号	图名	方案号
8-28	配电装置室暖通布置图	A3-2 (A)

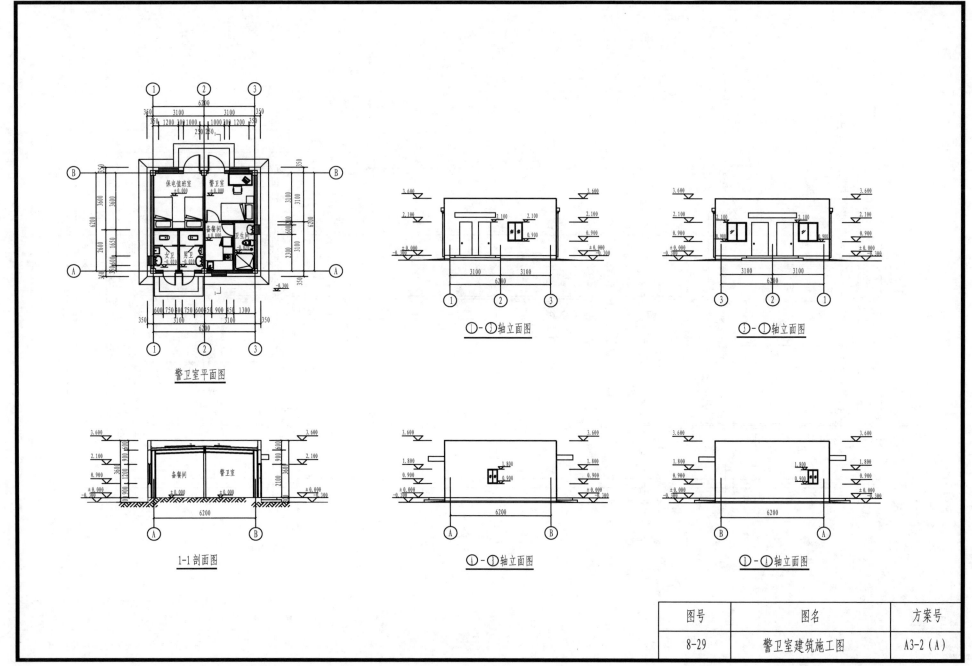

警卫室平面图

1-1 剖面图

①-③轴立面图

③-①轴立面图

①-①轴立面图

①-①轴立面图

图号	图名	方案号
8-29	警卫室建筑施工图	A3-2（A）

第 9 章　JB－110－A3－3 通用设计土建实施方案

9.1　JB－110－A3－3 土建方案设计说明

本实施方案技术条件见表 9－1。

表 9－1　　　　　　　　　　　　　　　　　　　　JB－110－A3－3 土建方案技术条件表

序号	方案编号	子方案	适用条件（1）	适用条件（2）	技　术　条　件
1	JB－110－A3－3	（A）	7 度 0.1g	（1）城市近郊、开发区、规划区。 （2）受征地限制的地区。 （3）污秽较严重的地区。 （4）架空出线条件困难的工程。 （5）对噪声环境要求较高的地区	场地条件海拔小于 1000m，设计风速不大于 30m/s，地基承载力特征值 f_{ak}＝150kPa，无地下水影响，场地同一设计标高。 　围墙内占地面积 0.9918hm^2；全站总建筑面积 829m^2；其中配电装置室建筑面积 773m^2；建筑物结构型式为装配式钢框架结构。 建筑物外墙采用压型钢板复合板或纤维水泥板，内墙采用防火石膏板或轻质复合内墙板，屋面板采用大砌块围墙或装配式围墙或通透式围墙。 支架基础采用定型钢模浇筑，支架与基础采用地脚螺栓连接
		（B）	8 度 0.2g		
		（C）	8 度 0.3g		

9.2　JB－110－A3－3 土建卷册目录

本实施方案土建卷册目录见表 9－2。

表 9－2　　　　　　　　　　　　　　　　　　　　JB－110－A3－3 土建卷册目录

序号	卷 册 编 号	卷 册 名 称
1	JB－110－A3－3－T0101	土建施工总说明及卷册目录
2	JB－110－A3－3－T0102	总平面布置图
3	JB－110－A3－3－T0201	配电装置室建筑施工图
4	JB－110－A3－3－T0202（A、B、C）	配电装置室结构施工图
5	JB－110－A3－3－T0205	警卫室建筑施工图
6	JB－110－A3－3－T0206	警卫室结构施工图
7	JB－110－A3－3－T0301	主变场地基础施工图
8	JB－110－A3－3－T0302	独立避雷针施工图
9	JB－110－A3－3－S0101	给排水施工图
10	JB－110－A3－3－S0102	消防部分施工图
11	JB－110－A3－3－S0103	事故油池施工图
12	JB－110－A3－3－N0101	暖通施工图

9.3　JB－110－A3－3 土建主要图纸（见图 9－1～图 9－26）

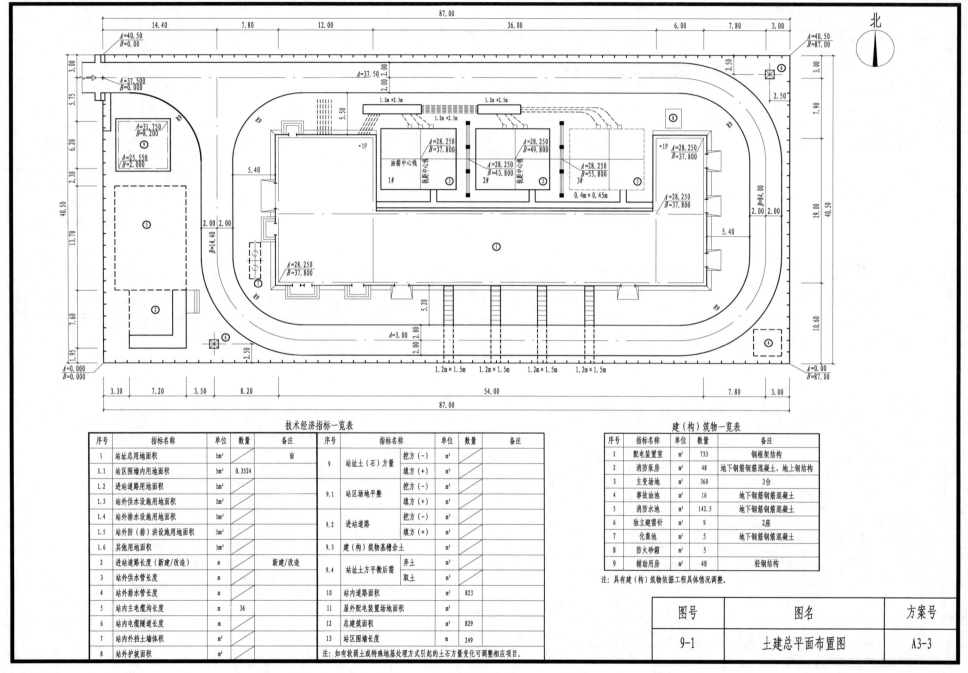

技术经济指标一览表

序号	指标名称	单位	数量	备注	序号	指标名称	单位	数量	备注
1	站址总用地面积	hm²		亩	9	站址土（石）方量	挖方(-)	m³		
1.1	站区围墙内用地面积	hm²	0.3524				填方(+)	m³		
1.2	进站道路用地面积	hm²			9.1	站区场地平整	挖方(-)	m³		
1.3	站外供水设施用地面积	hm²					填方(+)	m³		
1.4	站外排水设施用地面积	hm²			9.2	进站道路	挖方(-)	m³		
1.5	站外防(排)洪设施用地面积	hm²					填方(+)	m³		
1.6	其他用地面积	hm²			9.3	建(构)筑物基槽余土	m³		
2	进站道路长度(新建/改造)	m		新建/改造	9.4	站区土方平衡后需	弃土	m³		
3	站外供水管长度	m					取土	m³		
4	站外排水管长度	m			10	站内道路面积	m²	823	
5	站内主电缆沟长度	m	36		11	屋外配电装置场地面积	m²		
6	站内电缆隧道长度	m			12	总建筑面积	m²	829	
7	站内挡土墙体积	m³			13	站区围墙长度	m	249	
8	站外护坡面积	m²			注：如有软弱土或特殊地基处理方式引起的土石方量变化可调整相应项目。				

建(构)筑物一览表

序号	指标名称	单位	数量	备注
1	配电装置室	m²	733	钢框架结构
2	消防泵房	m²	48	地下钢筋钢筋混凝土，地上钢结构
3	主变场地	m²	360	3台
4	事故油池	m²	16	地下钢筋钢筋混凝土
5	消防水池	m²	142.5	地下钢筋钢筋混凝土
6	独立避雷针	m²	9	2座
7	化粪池	m²	5	地下钢筋钢筋混凝土
8	防火砂箱	m²	5	
9	辅助用房	m²	48	轻钢结构

注：具有建(构)筑物依据工程具体情况调整。

图号	图名	方案号
9-1	土建总平面布置图	A3-3

— 58 —

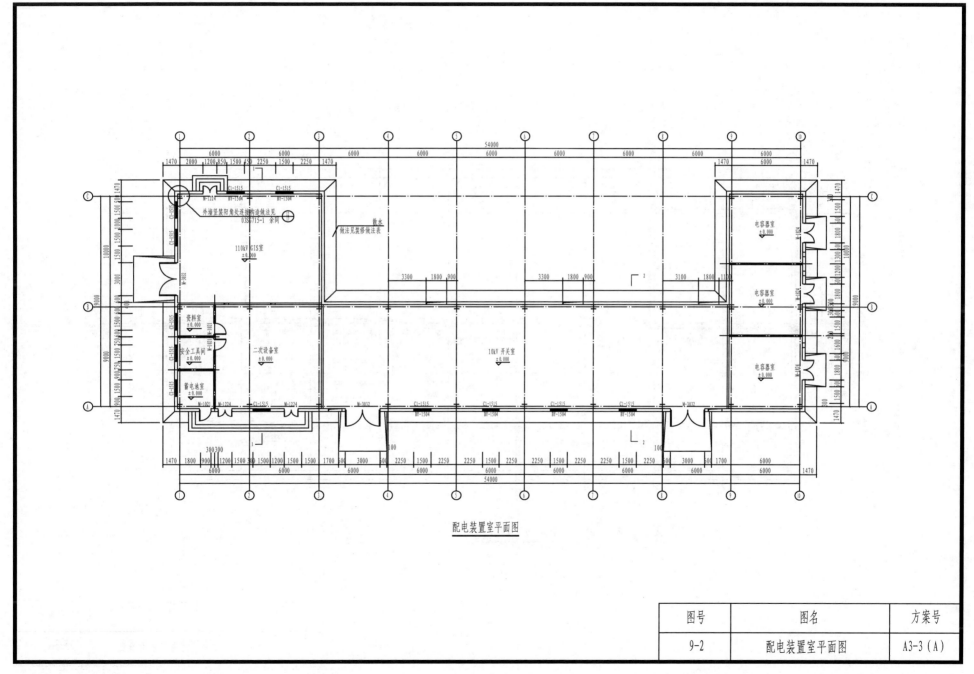

配电装置室平面图

图号	图名	方案号
9-2	配电装置室平面图	A3-3（A）

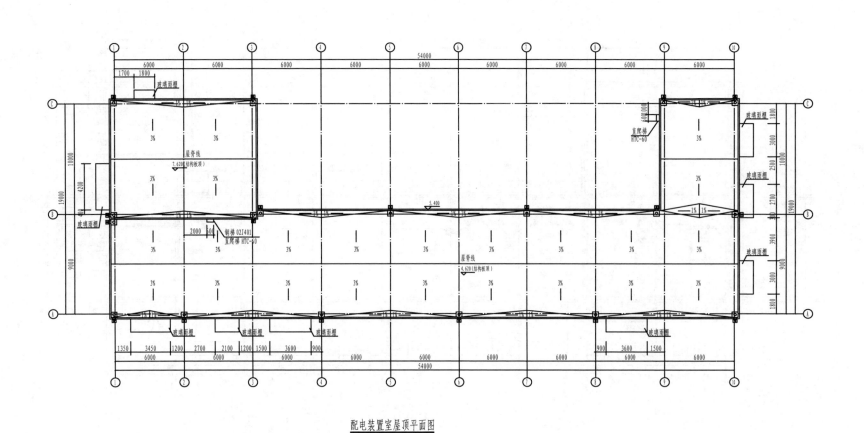

配电装置室屋顶平面图

图号	图名	方案号
9-3	配电装置室屋顶平面图	A3-3（A）

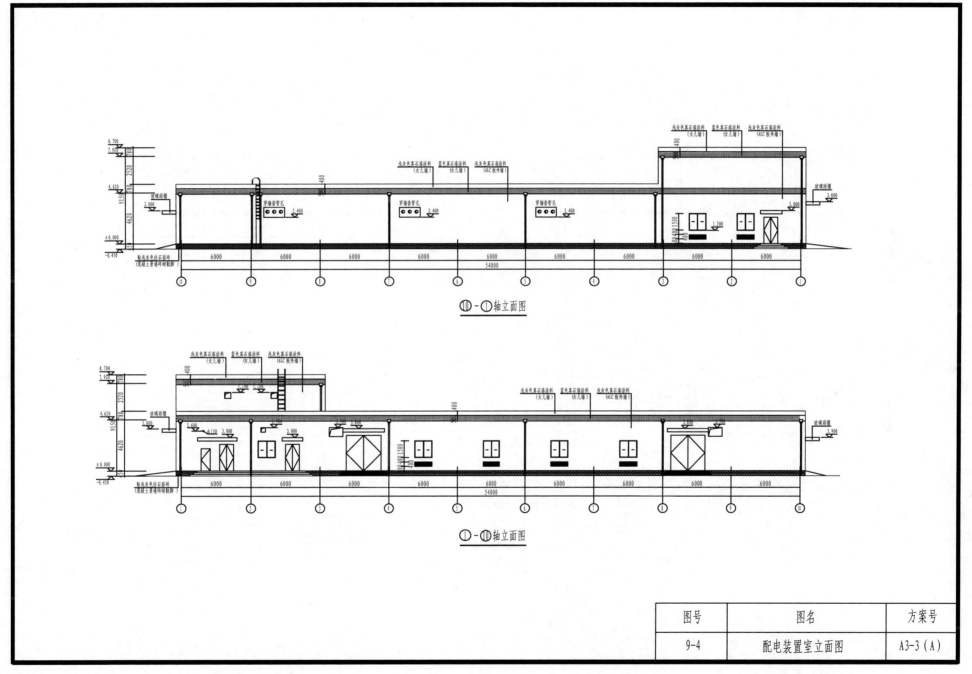

⑩-①轴立面图

①-⑩轴立面图

图号	图名	方案号
9-4	配电装置室立面图	A3-3（A）

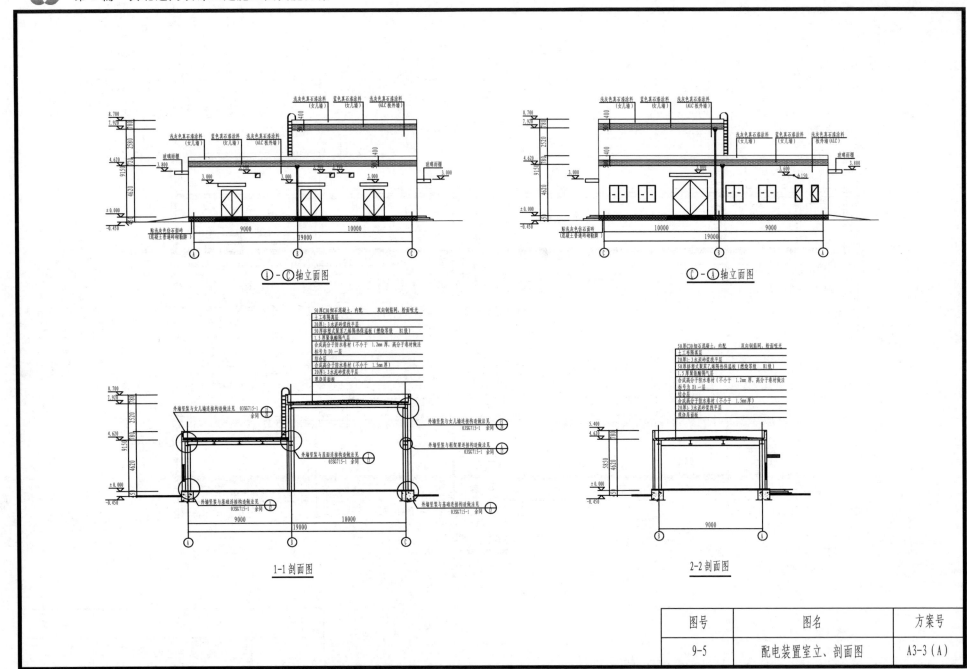

①-ⓒ轴立面图

ⓒ-①轴立面图

1-1剖面图

2-2剖面图

图号	图名	方案号
9-5	配电装置室立、剖面图	A3-3（A）

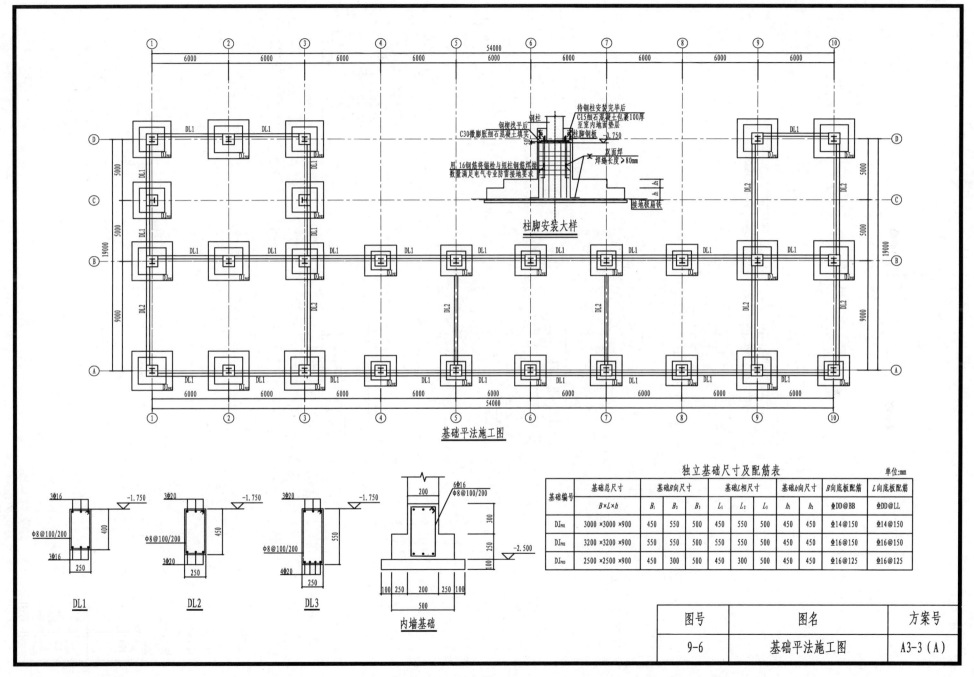

基础平法施工图

柱脚安装大样

待钢柱安装完毕后
C15细石混凝土包裹100厚
至室内地面垫层
钢柱
-0.750
钢板找平后
C30微膨胀细石混凝土填实
短柱脚钢板
双面焊
焊缝长度≥80mm
用16钢筋将锚栓与短柱钢筋焊接
数量满足电气专业防雷接地要求
接地板扁铁

DL1

DL2

DL3

内墙基础

3Φ16　　-1.750
Φ8@100/200
400
3Φ16
250

3Φ20　　-1.750
Φ8@100/200
450
3Φ20
250

3Φ20
Φ8@100/200
550
4Φ20
250

6Φ16
Φ8@100/200
200
300
250
100
-2.500
100 250 200 250 100
500

独立基础尺寸及配筋表

单位:mm

基础编号	基础总尺寸	基础B向尺寸			基础L相尺寸			基础h向尺寸		B向底板配筋	L向底板配筋
	$B \times L \times h$	B_1	B_2	B_3	L_1	L_2	L_3	h_1	h_2	⨁DD@BB	⨁DD@LL
DJ_P01	3000×3000×900	450	550	500	450	550	500	450	450	Φ14@150	Φ14@150
DJ_P02	3200×3200×900	550	550	500	550	550	500	450	450	Φ16@150	Φ16@150
DJ_P03	2500×2500×900	450	300	500	450	300	500	450	450	Φ16@125	Φ16@125

图号	图名	方案号
9-6	基础平法施工图	A3-3（A）

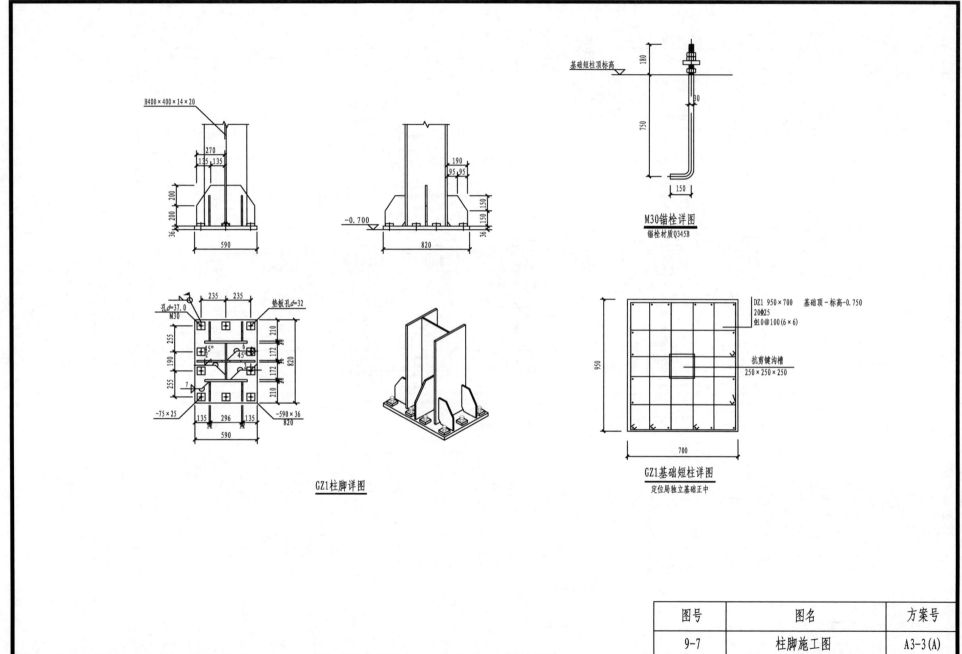

图号	图名	方案号
9-7	柱脚施工图	A3-3(A)

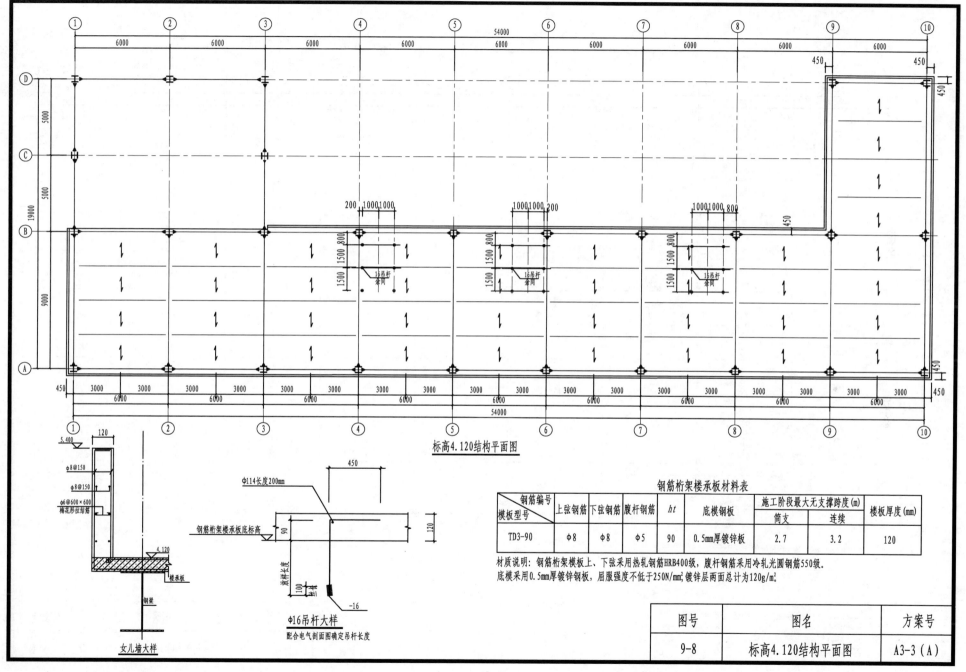

标高4.120结构平面图

女儿墙大样

Φ16吊杆大样
配合电气剖面图确定吊杆长度

钢筋桁架楼承板材料表

钢筋编号 模板型号	上弦钢筋	下弦钢筋	腹杆钢筋	ht	底模钢板	施工阶段最大无支撑跨度(m)		楼板厚度(mm)
						简支	连续	
TD3-90	φ8	φ8	Φ5	90	0.5mm厚镀锌板	2.7	3.2	120

材质说明：钢筋桁架模板上、下弦采用热轧钢筋HRB400级，腹杆钢筋采用冷轧光圆钢筋550级。
底模采用0.5mm厚镀锌钢板，屈服强度不低于250N/mm², 镀锌层两面总计为120g/m²。

图号	图名	方案号
9-8	标高4.120结构平面图	A3-3（A）

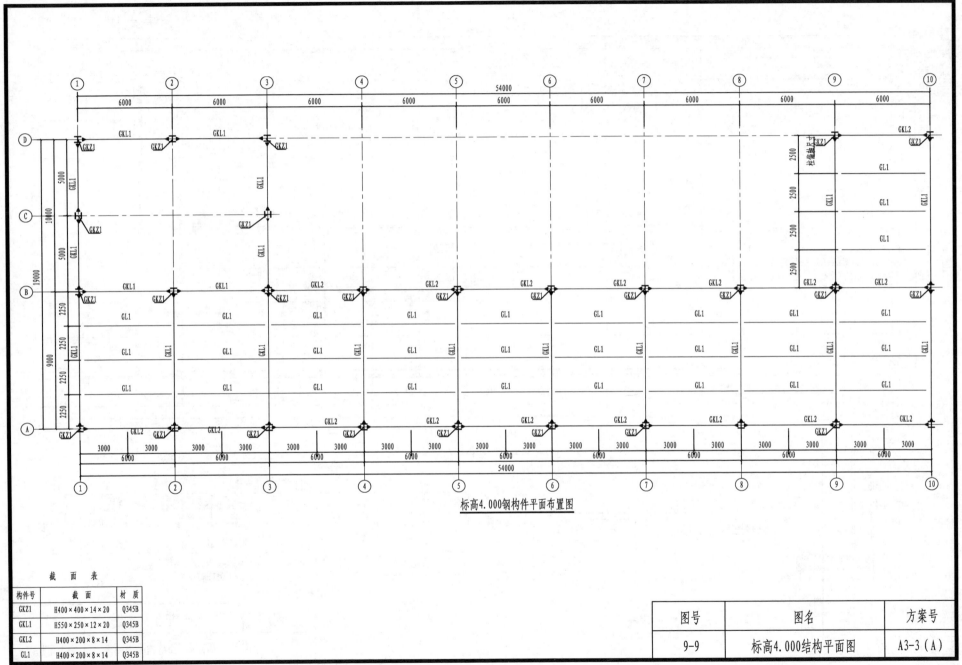

标高4.000钢构件平面布置图

截面表

构件号	截面	材质
GKZ1	H400×400×14×20	Q345B
GKL1	H550×250×12×20	Q345B
GKL2	H400×200×8×14	Q345B
GL1	H400×200×8×14	Q345B

图号	图名	方案号
9-9	标高4.000结构平面图	A3-3（A）

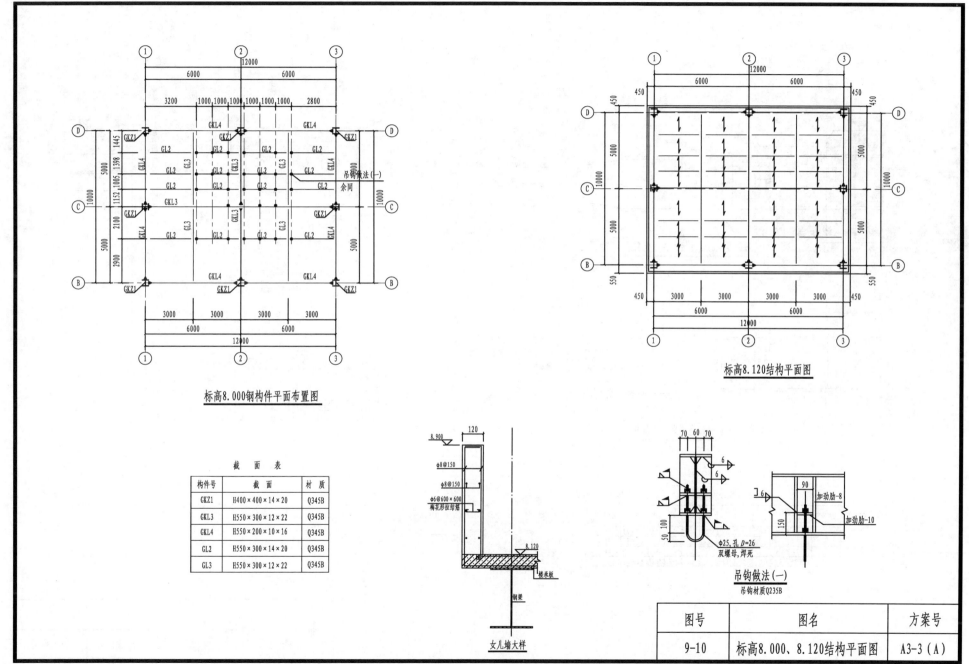

标高8.000钢构件平面布置图

标高8.120结构平面图

截 面 表

构件号	截 面	材 质
GKZ1	H400×400×14×20	Q345B
GKL3	H550×300×12×22	Q345B
GKL4	H550×200×10×16	Q345B
GL2	H550×300×14×20	Q345B
GL3	H550×300×12×22	Q345B

女儿墙大样

吊钩做法(一)
吊钩材质Q235B

图号	图名	方案号
9-10	标高8.000、8.120结构平面图	A3-3（A）

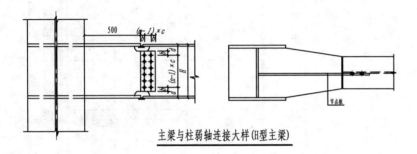

主梁与柱弱轴连接大样(H型主梁)

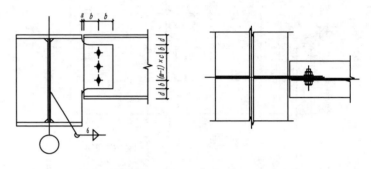

次梁与主梁铰接连接大样(H型主梁)

加劲肋厚取次梁截面较大者

次梁与主梁铰接连接选用表 单位: mm

次梁编号	截面尺寸 $H \times B \times t_w \times t_f$	a	b	c	d	螺栓($n \times 1$)	加劲板厚
1	H550×300×14×20	5	55	85	50	10M20 (2×5)	16
2	H400×200×8×14	5	55	70	40	4M20 (1×4)	10
3	H550×300×12×22	5	55	85	50	10M20 (2×5)	14

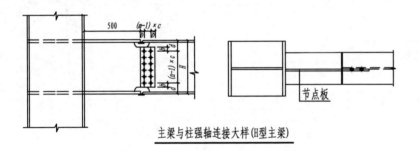

主梁与柱强轴连接大样(H型主梁)

节点板

主梁与柱连接选用表 单位: mm

主梁编号	截面尺寸 $H \times B \times t_w \times t_f$	a	b	c	d	e	螺栓($m \times n$)	节点板厚
1	H550×300×12×22	5	55	65	80	—	21M20 (3×7)	16
2	H550×250×12×20	5	55	65	80	—	21M20 (3×7)	16
3	H550×200×10×16	5	55	75	87.5	—	18M20 (3×6)	16
4	H400×200×8×14	5	55	60	80	—	10M20 (2×5)	12

图号	图名	方案号
9-11	梁柱节点详图	A3-3 (A)

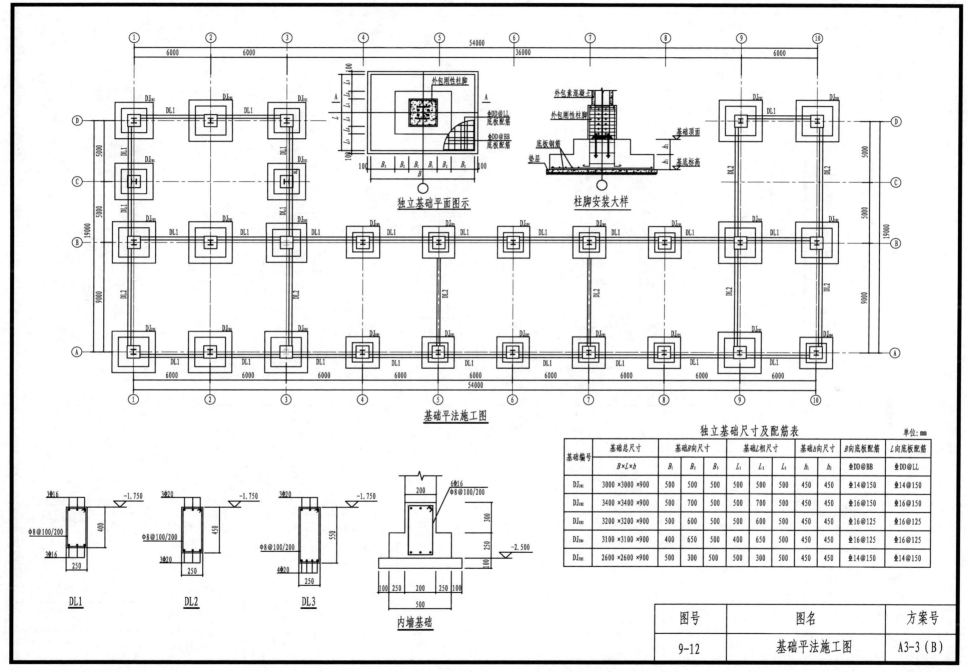

独立基础平面图示

柱脚安装大样

基础平法施工图

DL1

DL2

DL3

内墙基础

独立基础尺寸及配筋表

单位：mm

基础编号	基础总尺寸	基础B向尺寸			基础L相尺寸			基础h向尺寸		B向底板配筋	L向底板配筋
	$B \times L \times h$	B_1	B_2	B_3	L_1	L_2	L_3	h_1	h_2	$\Phi DD@BB$	$\Phi DD@LL$
DJ_{J01}	3000×3000×900	500	500	500	500	500	500	450	450	$\Phi 14@150$	$\Phi 14@150$
DJ_{J02}	3400×3400×900	500	700	500	500	700	500	450	450	$\Phi 16@150$	$\Phi 16@150$
DJ_{J03}	3200×3200×900	500	600	500	500	600	500	450	450	$\Phi 16@125$	$\Phi 16@125$
DJ_{J04}	3100×3100×900	400	650	500	400	650	500	450	450	$\Phi 16@125$	$\Phi 16@125$
DJ_{J05}	2600×2600×900	500	300	500	500	300	500	450	450	$\Phi 14@150$	$\Phi 14@150$

图号	图名	方案号
9-12	基础平法施工图	A3-3（B）

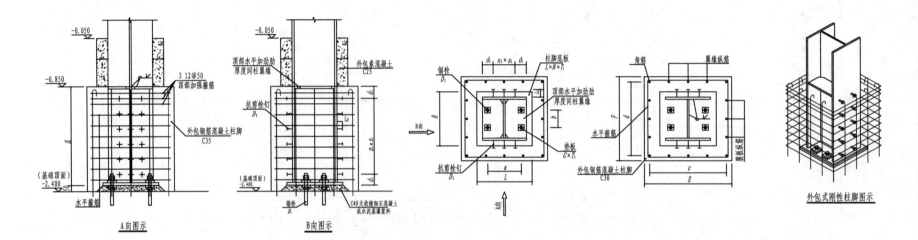

A向图示　　　　B向图示　　　　　　　　　　　　　　A向　　　　　　　　　　　外包式刚性柱脚图示

H形柱外包式刚接柱脚

单位:mm

节点号	节点数量	柱截面	柱脚底板		锚栓		垫板		抗剪栓钉			纵筋				箍筋	外包钢筋混凝土柱脚		外包素混凝土
			$L×B×T_1$		D_1	$a×b$	$G×T_2$		D_2	L_4	$d_1+n_1×s_1$, $d_1+n_2×s_2$		角筋	翼缘纵筋	腹板纵筋	$c×d$		H_1	$E×F$	C_s
1	27	H400×400×16×25	500×500×30		M30	320×200	70×20		16	70	75+9×150, 70+2×130		4 36	5 36	3 36	680×680	10@100	1500	800×800	150

注:1.垫板的螺栓孔径为D_1+2mm;底板的螺栓孔径为D_1+10mm。
2.柱子安装完毕后,应将垫板和底板焊牢,焊脚尺寸不宜小于10mm。锚栓应采用双螺母(8级)紧固,螺母与垫板进行点焊。
3.纵向受力钢筋在基础内的锚固做法:详见图集[16G101-3]第66页和图集[16G519]第39页。
4.纵向受力钢筋上下端应设置180°弯钩,弯钩长度不小于150mm。

锚栓选用表
图集:HG/T 21545-2006

螺栓型号	钢牌号	双螺母		图集页次	选用型号	锚固长度(mm)	图例
		a(mm)	b(mm)				
M20	Q235B	60	90	13~15	Ⅲ-b型	500	
M24	Q235B	70	100	13~15	Ⅲ-b型	600	
M30	Q235B	80	110	13~15	Ⅲ-b型	750	

1.a-锚栓在垫板底面以上的露出长度。
2.b-锚栓的螺纹长度。当底板下设置调节螺母时,螺纹长度应为b'=(b+下部垫板厚度+下部调节螺母厚度+10mm)。
3.埋设锚栓时应采用锚栓固定架,确保锚栓位置的正确。锚栓固定支架做法详见图集[16G519]第41页。

图号	图名	方案号
9-13	柱脚施工图	A3-3（B）

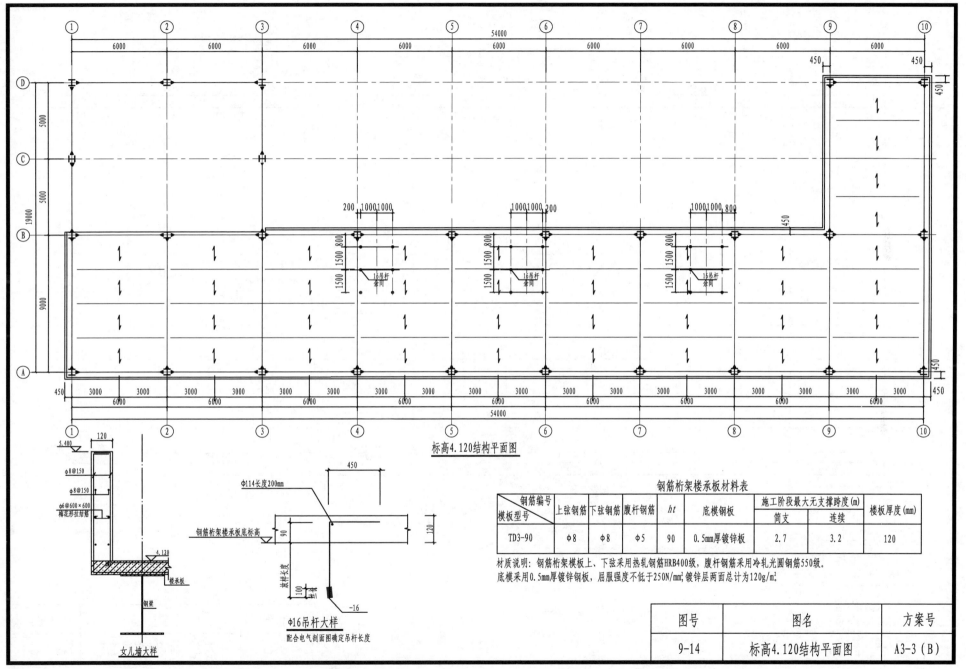

标高4.120结构平面图

φ16吊杆大样
配合电气剖面图确定吊杆长度

女儿墙大样

钢筋桁架楼承板材料表

钢筋编号 模板型号	上弦钢筋	下弦钢筋	腹杆钢筋	ht	底模钢板	施工阶段最大无支撑跨度(m)		楼板厚度(mm)
						简支	连续	
TD3-90	φ8	φ8	φ5	90	0.5mm厚镀锌板	2.7	3.2	120

材质说明：钢筋桁架模板上、下弦采用热轧钢筋HRB400级，腹杆钢筋采用冷轧光圆钢筋550级。
底模采用0.5mm厚镀锌钢板，屈服强度不低于250N/mm²，镀锌层两面总计为120g/m²。

图号	图名	方案号
9-14	标高4.120结构平面图	A3-3（B）

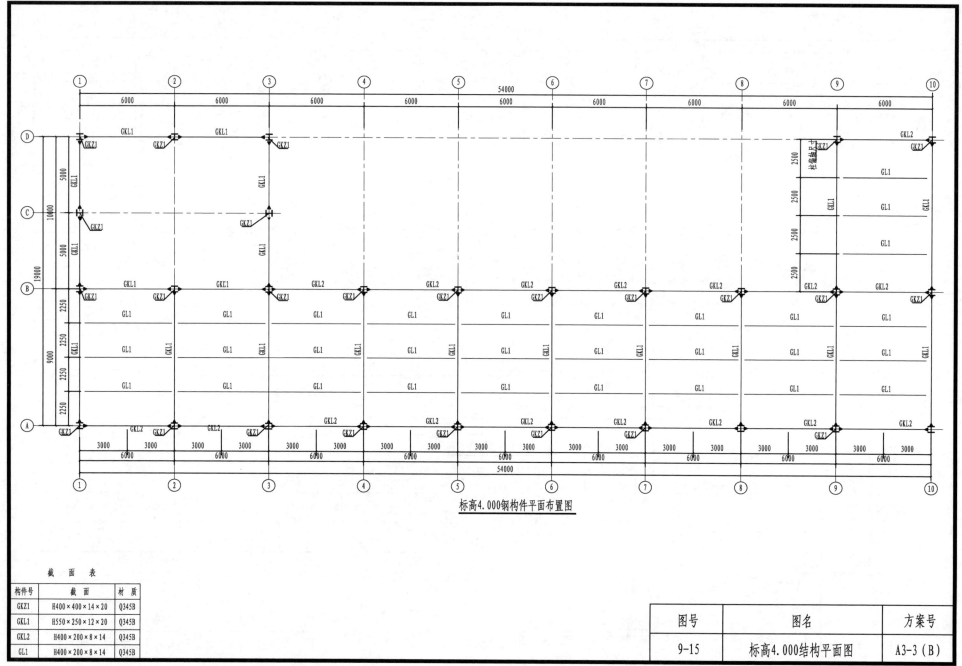

标高4.000钢构件平面布置图

截 面 表

构件号	截 面	材 质
GKZ1	H400×400×14×20	Q345B
GKL1	H550×250×12×20	Q345B
GKL2	H400×200×8×14	Q345B
GL1	H400×200×8×14	Q345B

图号	图名	方案号
9-15	标高4.000结构平面图	A3-3（B）

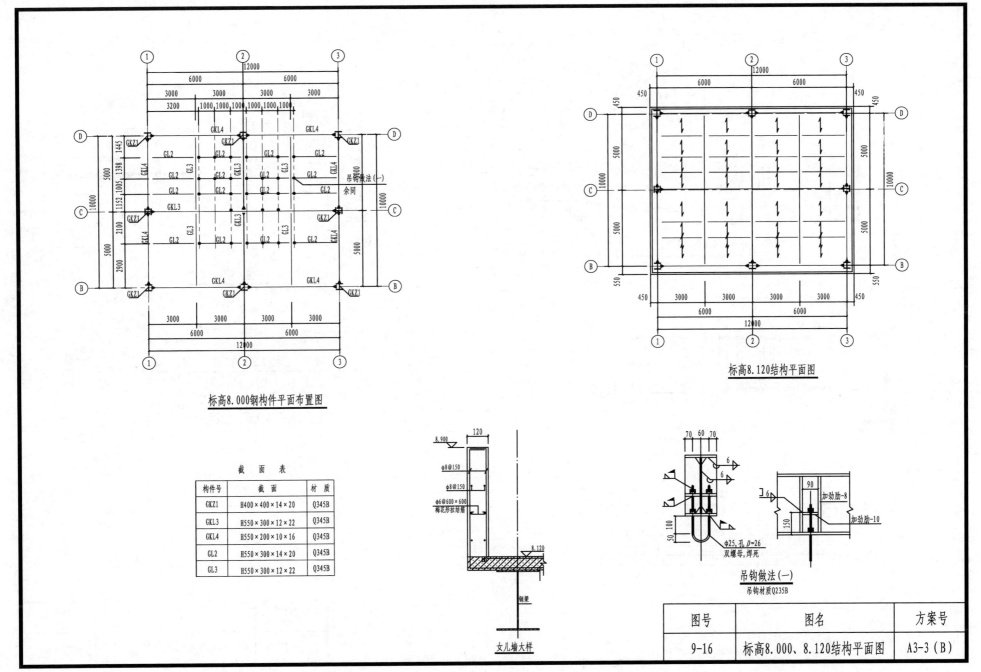

截 面 表

构件号	截 面	材 质
GKZ1	H400×400×14×20	Q345B
GKL3	H550×300×12×22	Q345B
GKL4	H550×200×10×16	Q345B
GL2	H550×300×14×20	Q345B
GL3	H550×300×12×22	Q345B

标高8.000钢构件平面布置图

标高8.120结构平面图

女儿墙大样

吊钩做法(一)
吊钩材质Q235B

图号	图名	方案号
9-16	标高8.000、8.120结构平面图	A3-3（B）

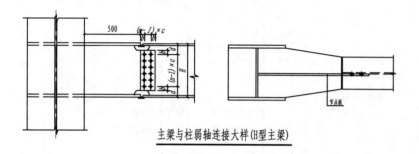

主梁与柱弱轴连接大样(H型主梁)

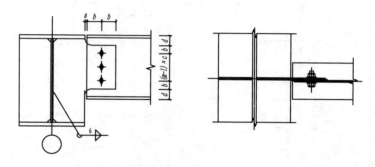

次梁与主梁铰接连接大样(H型主梁)
加劲肋厚取次梁截面较大者

次梁与主梁铰接连接选用表　　　单位：mm

次梁编号	截面尺寸 $H \times B \times t_w \times t_f$	a	b	c	d	螺栓($n \times 1$)	加劲板厚
1	H550×300×14×20	5	55	85	50	10M20（2×5）	16
2	H400×200×8×14	5	55	70	40	4M20（1×4）	10
3	H550×300×12×22	5	55	85	50	10M20（2×5）	14

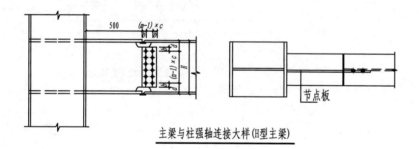

主梁与柱强轴连接大样(H型主梁)

主梁与柱连接选用表　　　单位：mm

主梁编号	截面尺寸 $H \times B \times t_w \times t_f$	a	b	c	d	e	螺栓($m \times n$)	节点板厚
1	H550×300×12×22	5	55	65	80	—	21M20（3×7）	16
2	H550×250×12×20	5	55	65	80	—	21M20（3×7）	16
3	H550×200×10×16	5	55	75	87.5	—	18M20（3×6）	16
4	H400×200×8×14	5	55	60	80	—	10M20（2×5）	12

图号	图名	方案号
9-17	梁柱节点详图	A3-3（B）

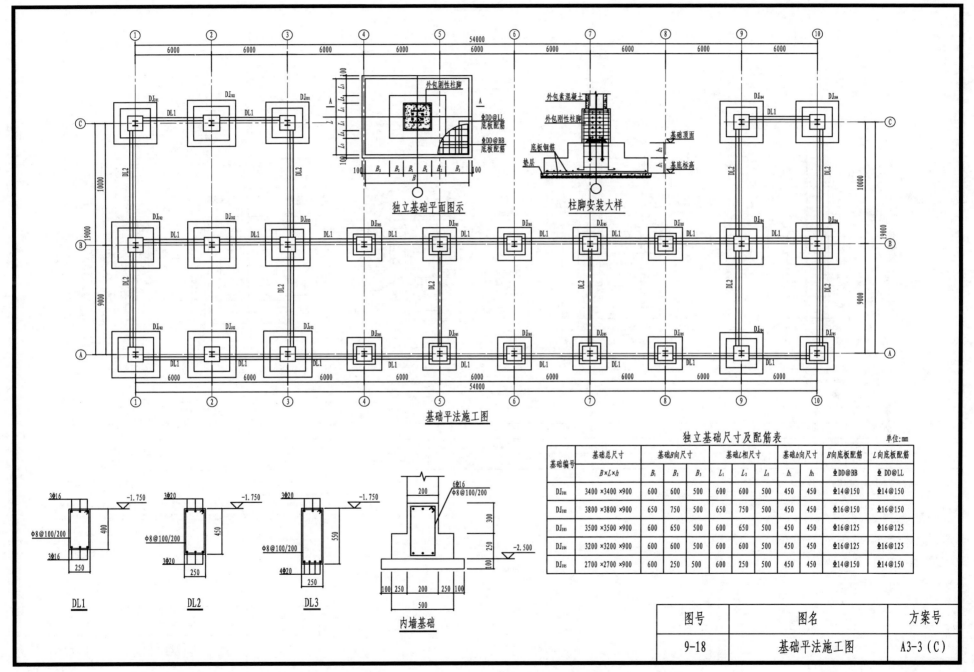

独立基础平面图示

柱脚安装大样

基础平法施工图

独立基础尺寸及配筋表

单位：mm

基础编号	基础总尺寸 $B \times L \times h$	基础B向尺寸			基础L向尺寸			基础h向尺寸		B向底板配筋 $\Phi DD@BB$	L向底板配筋 $\Phi DD@LL$
		B_1	B_2	B_3	L_1	L_2	L_3	h_1	h_2		
DJ$_{J01}$	3400×3400×900	600	600	500	600	600	500	450	450	Φ14@150	Φ14@150
DJ$_{J02}$	3800×3800×900	650	750	500	650	750	500	450	450	Φ16@150	Φ16@150
DJ$_{J03}$	3500×3500×900	600	650	500	600	650	500	450	450	Φ16@125	Φ16@125
DJ$_{J04}$	3200×3200×900	600	600	500	600	600	500	450	450	Φ16@125	Φ16@125
DJ$_{J05}$	2700×2700×900	600	250	500	600	250	500	450	450	Φ14@150	Φ14@150

DL1

DL2

DL3

内墙基础

图号	图名	方案号
9-18	基础平法施工图	A3-3（C）

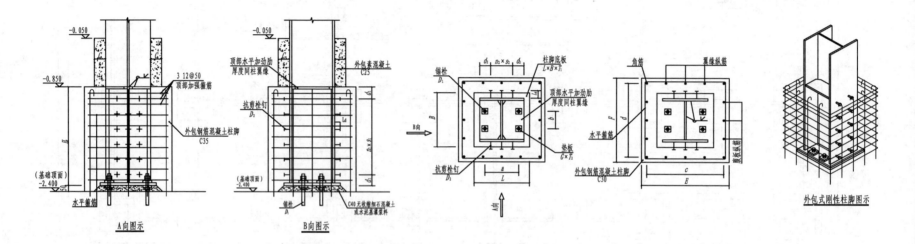

A向图示　　B向图示　　A向　　外包式刚性柱脚图示

H形柱外包式刚接柱脚

单位:mm

节点号	节点数量	柱截面	柱脚底板	锚栓		垫板		抗剪栓钉			纵筋				箍筋	外包钢筋混凝土柱脚		外包素混凝土
			$L×B×T_1$	D_1	$a×b$	$G×T_1$	D_1	L_4	$d_1+n_1×s_1$, $d_1+n_2×s_2$		角筋	翼缘纵筋	腹板纵筋	$c×d$		H_1	$E×F$	C_s
1	26	H400×400×16×25	500×500×30	M30	320×200	70×20	16	70	75+9×150, 70+2×130		4 36	5 36	3 36	680×680	10@100	1500	800×800	150
2	1	H450×450×18×32	550×550×30	M30	370×250	70×20	16	70	75+9×150, 70+2×130		4 36	5 36	3 36	680×680	10@100	1500	800×800	150

注:1.垫板的螺栓孔径为D_1+2mm;底板的螺栓孔径为D_1+10mm。
2.柱子安装完毕后,应将垫板和底板焊牢,焊脚尺寸不宜小于10mm;锚栓应采用双螺母(8级)紧固,螺母与垫板进行点焊。
3.纵向受力钢筋在基础内的锚固做法:详见图集[16G101-3]第66页和图集[16G519]第39页。
4.纵向受力钢筋上下端应设置180°弯钩,弯钩长度不小于150mm。

锚栓选用表

图集:HG/T 21545-2006

螺栓型号	钢牌号	双螺母		图集页次	选用型号	锚固长度 (mm)	图例
		a(mm)	b(mm)				
M20	Q235B	60	90	13~15	Ⅲ-b 型	500	
M24	Q235B	70	100	13~15	Ⅲ-b 型	600	
M30	Q235B	80	110	13~15	Ⅲ-b 型	750	

1.a-锚栓在垫板底面以上的露出长度。
2.b-锚栓的螺纹长度。当底板下设置调节螺母时,螺纹长度应为$b'=(b+$下部垫板厚度+下部调节螺母厚度+10mm)。
3.埋设锚栓时应采用锚栓固定架,确保锚栓位置的正确。锚栓固定支架做法详见图集[16G519]第41页。

图号	图名	方案号
9-19	柱脚施工图	A3-3 (C)

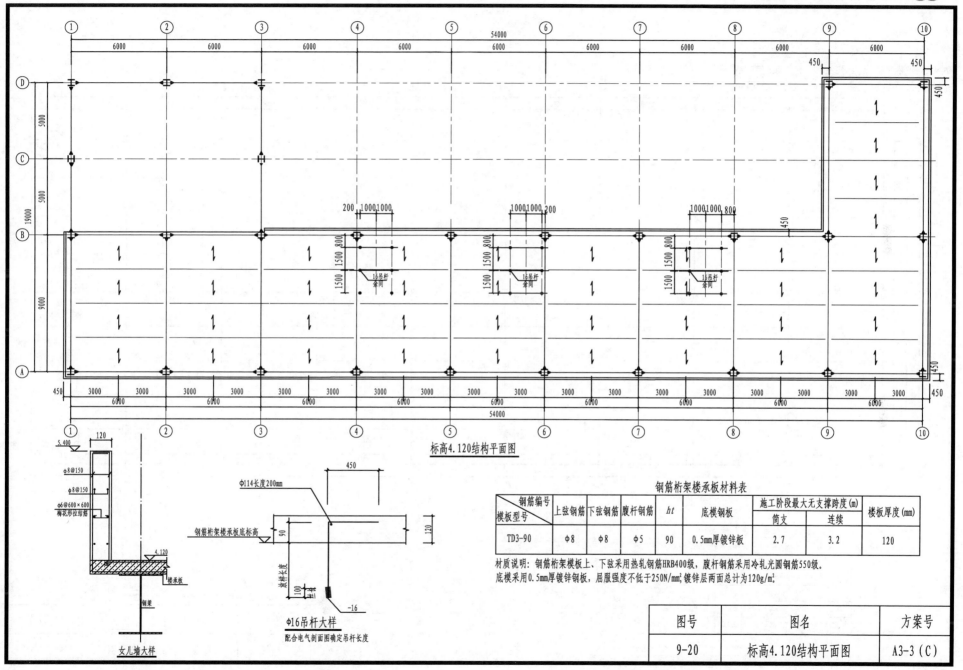

标高4.120结构平面图

φ114长度200mm

Φ16吊杆大样
配合电气剖面图确定吊杆长度

女儿墙大样

钢筋桁架楼承板材料表

模板型号	上弦钢筋	下弦钢筋	腹杆钢筋	ht	底模钢板	施工阶段最大无支撑跨度(m)		楼板厚度(mm)
						简支	连续	
TD3-90	φ8	φ8	φ5	90	0.5mm厚镀锌板	2.7	3.2	120

材质说明：钢筋桁架模板上、下弦采用热轧钢筋HRB400级，腹杆钢筋采用冷轧光圆钢筋550级。
底模采用0.5mm厚镀锌钢板，屈服强度不低于250N/mm²，镀锌层两面总计为120g/m²。

图号	图名	方案号
9-20	标高4.120结构平面图	A3-3（C）

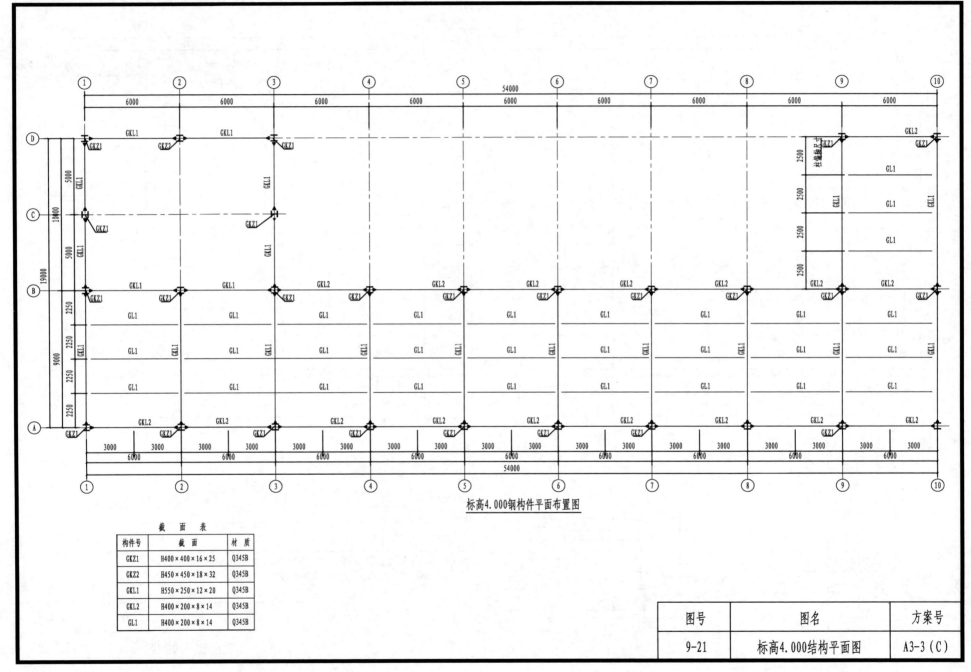

标高4.000钢构件平面布置图

构件号	截面	材质
GKZ1	H400×400×16×25	Q345B
GKZ2	H450×450×18×32	Q345B
GKL1	H550×250×12×20	Q345B
GKL2	H400×200×8×14	Q345B
GL1	H400×200×8×14	Q345B

截　面　表

图号	图名	方案号
9-21	标高4.000结构平面图	A3-3（C）

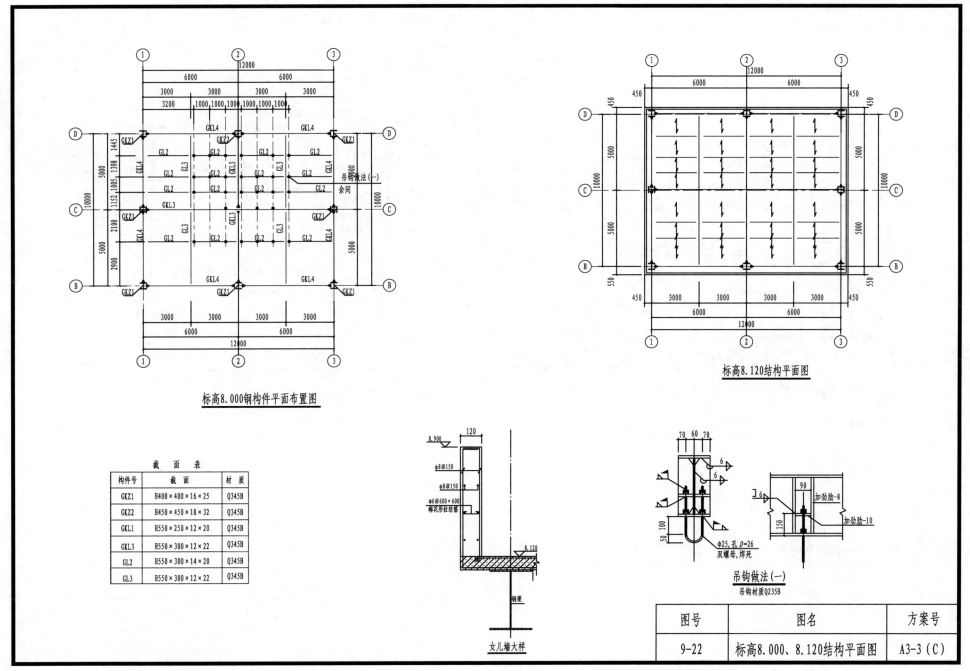

标高8.000钢构件平面布置图

标高8.120结构平面图

截 面 表

构件号	截 面	材质
GKZ1	H400×400×16×25	Q345B
GKZ2	H450×450×18×32	Q345B
GKL1	H550×250×12×20	Q345B
GKL3	H550×300×12×22	Q345B
GL2	H550×300×14×20	Q345B
GL3	H550×300×12×22	Q345B

女儿墙大样

吊钩做法(一)
吊钩材质Q235B

图号	图名	方案号
9-22	标高8.000、8.120结构平面图	A3-3（C）

第3篇 冀北通用设计土建施工图实施方案

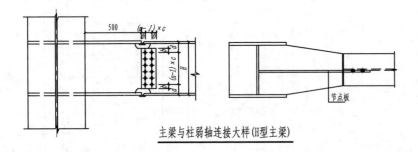

主梁与柱弱轴连接大样(H型主梁)

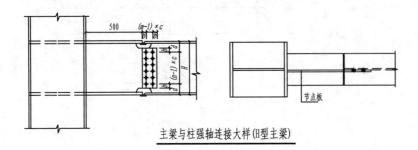

主梁与柱强轴连接大样(H型主梁)

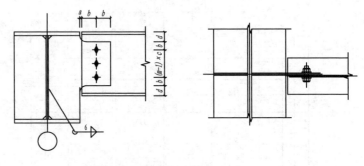

次梁与主梁铰接连接大样(H型主梁)

加劲肋厚取次梁截面较大者

次梁与主梁铰接连接选用表　　单位：mm

次梁编号	截面尺寸 $H\times B\times t_w\times t_f$	a	b	c	d	螺栓($n\times1$)	加劲板厚
1	H550×300×14×20	5	55	85	50	10M20（2×5）	16
2	H400×200×8×14	5	55	70	40	4M20（1×4）	10
3	H550×300×12×22	5	55	85	50	10M20（2×5）	14

主梁与柱连接选用表　　单位：mm

主梁编号	截面尺寸 $H\times B\times t_w\times t_f$	a	b	c	d	e	螺栓($m\times n$)	节点板厚
1	H550×300×12×22	5	55	65	80	—	21M20（3×7）	16
2	H550×250×12×20	5	55	65	80	—	21M20（3×7）	16
3	H550×200×10×16	5	55	75	87.5	—	18M20（3×6）	16
4	H400×200×8×14	5	55	60	80	—	10M20（2×5）	12

图号	图名	方案号
9-23	梁柱节点详图	A3-3（C）

— 80 —

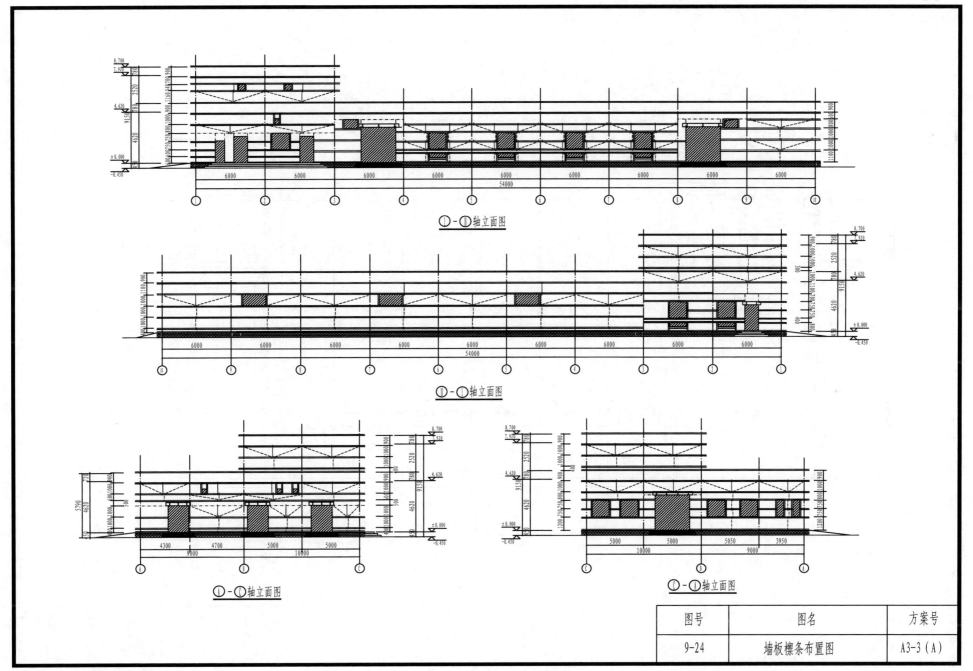

图号	图名	方案号
9-24	墙板檩条布置图	A3-3（A）

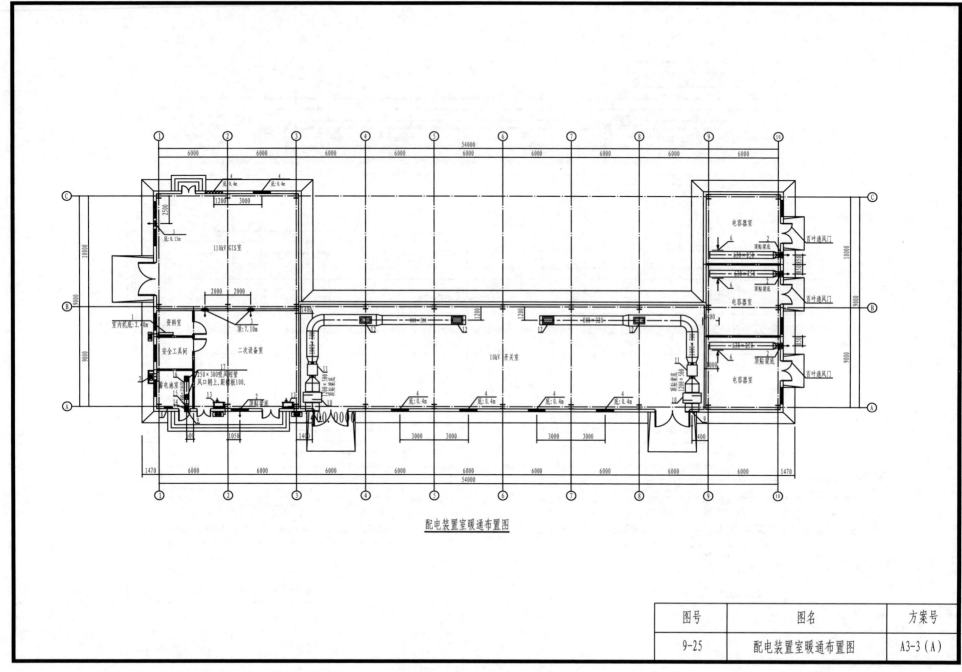

配电装置室暖通布置图

图号	图名	方案号
9-25	配电装置室暖通布置图	A3-3（A）

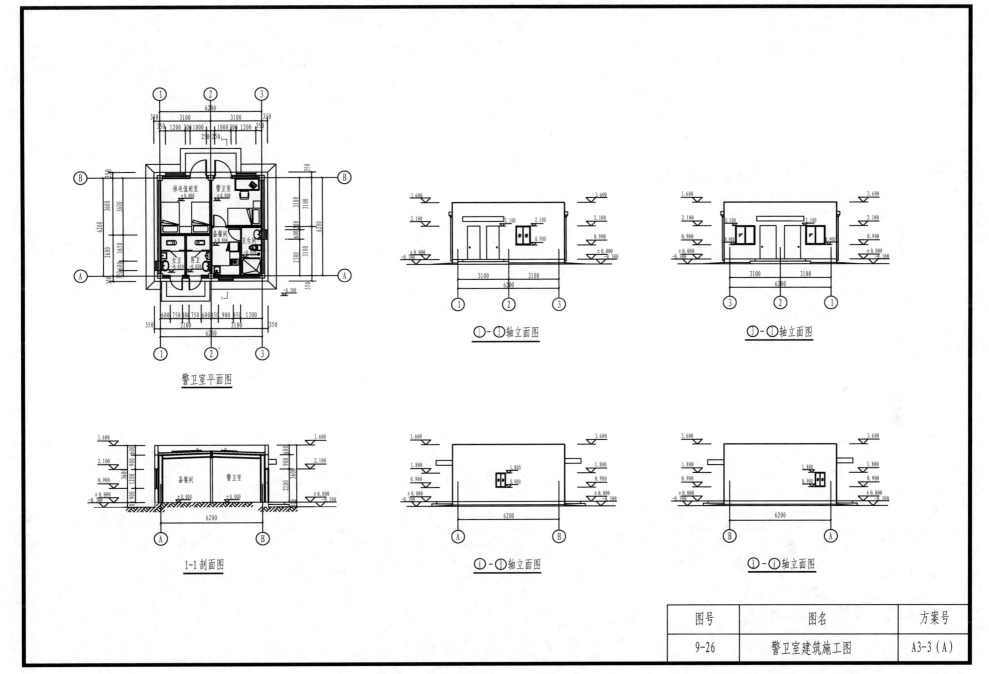

警卫室平面图

①-①轴立面图

③-③轴立面图

1-1剖面图

①-①轴立面图

①-①轴立面图

图号	图名	方案号
9-26	警卫室建筑施工图	A3-3（A）

第4篇　冀北通用设计土建实施方案加工图设计说明及图纸

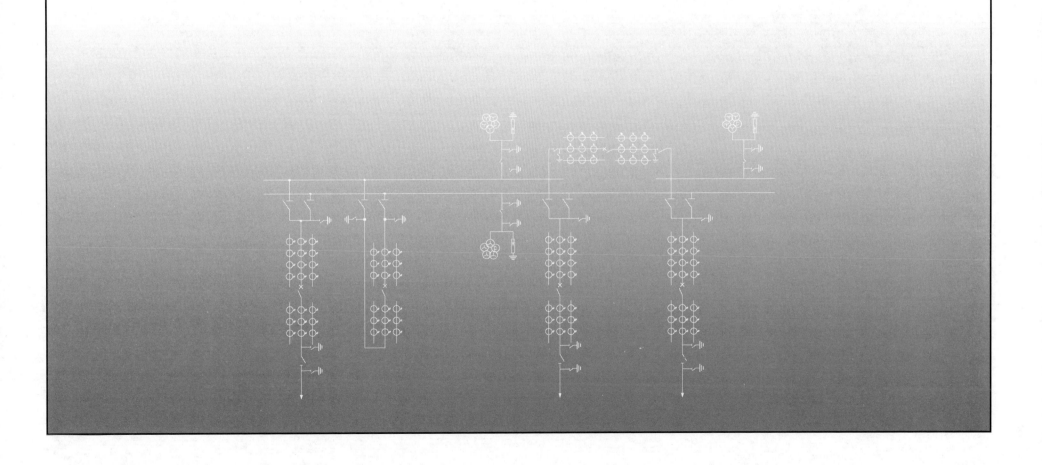

冀北通用设计土建实施方案加工图设计说明及图纸电子版见书后所附光盘。

第 5 篇　合理装配率及技经指标分析

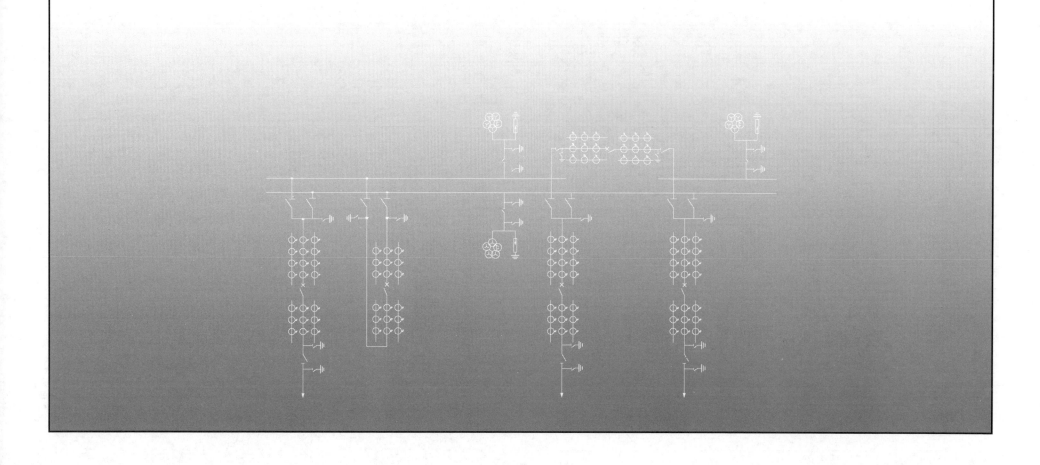

第 10 章　变电站合理装配率及技经指标分析研究

为加强 110kV 变电站模块化建设的深化应用，提升建设质量，按照"标准化设计、工业化生产、智能化技术、装配式建设、机械化施工、规范化连接、可靠化运行"的总体定位，开展变电站合理装配率及技经指标分析研究专项工作。

10.1　目的和意义

2009 年国网公司发布了标准化建设成果目录，首次提出通用设计、通用设备（以下简称"两通"）应用要求。期间又多次发文更新"两通"应用目录，深化标准化建设成果应用。2016 年下发《国网基建部关于印发 2016 年推进智能变电站模块化建设工作要点的通知》（基建技术〔2016〕18 号）文，文件明确 110kV 及以下智能变电站全面实施模块化建设。模块化建设是智能变电站基建技术的又一次重要变革与升级。

标准化建设关键在于落实"四统一"要求，不仅主要电气设备要落实"四统一"要求，建筑构件设计的统一，也是推进建筑构件标准化的基础，进而推动工业化生产和机械化施工的发展，满足电网飞速发展、规模化建设的需求。

通过深化应用"两通"，研究完善"模块化"家族的建设技术标准体系，实现"设计与设备统一、设备通用互换"；在标准化设计和工厂化加工的基础上，实现适宜装配率建设和机械化施工，充分体现变电站的产品属性；各专业间统一模式、统一标准，资源共享，规范制图，构建标准化建设体系，是持续推动标准化建设水平提升的必要条件。

进入"十三五"以来，冀北公司精简优化通用设计方案，推进模块化建设、机械化施工。目前冀北共有 17 个新建 110kV 变电站采用了模块化建设方案，规模化效益得以显现。

在 2016 版通用设计的基础上，冀北电网根据地域特点，推出了适宜冀北地区的模块化建设方案。在现场实际应用过程中存在以下不足：

（1）设计环节上，各设计院都有自身的设计习惯，设计产品不统一。

（2）设备供货环节上，各生产厂家产品外形不统一，造成下游专业无法提前进行设计，加长设计工期。

（3）施工环节上，钢结构质量、装配化水平不一，现场湿作业比较多。

2019 年以来，通用设备、十八项反事故措施、《建筑设计防火规范（2018 年版）》、《火力发电厂与变电站设计防火标准》（GB 50229）、《国网基建部关于发布 35～750kV 变电站通用设计通信消防部分修订成果的通知》（基建技术〔2019〕51 号）等一系列国网公司基建标准和国家规范标准的更新变化，三维设计、新技术应用等设计条件和工具的变化，为 110kV 变电站模块化建设装配化水平的提高奠定了一定的基础。

因此，开展冀北地区装配式变电站深化应用专项工作，修订冀北地区模块化的部分设计内容，提高装配率的同时兼顾经济效益，找到适宜环境及现状的均衡点，对于提高建设质量和经济效益，实现安装工艺标准统一、接口统一、电缆连接接口即插即用的目标，具有重大的意义。

10.2　装配式方案造价分析

以冀北地区一座 A3-2 模块新建变电站为基础，进行装配式前后变电站工程造价对比分析。造价对比分析均在如下计算基础上进行：

（1）装配率。工业化建筑中预制构件、建筑部品的数量（或面积）的比率。对于变电站部分的装配设计建造主要分为地上和地下两部分。其中房屋只占整个变电站的一小部分，且每部分工程都各具特点，很难采用一种公式计算。参考《装配式建筑评价标准》（GB/T 51129）计算方法，做出以下定义：

分项工程装配率＝分项工程建筑工程费/全站建筑工程费×100%

本书以花科 110kV 变电站为例，将变电站的土建部分分为主建筑（包含基础）、电缆沟、围墙（含基础）、场内道路、设备基础（主变压器基础、GIS 基础、开关柜基础）、防火墙（含基础）和其他部分（含消防水池、化粪池、事故油池）等。在对变电站进行工程划分后，便可以单独计算每个分项工程各自的装配对整个变电站的贡献，以考虑吊装、接口、工期等因素为

难度系数的方式将每项工程的装配率整合为整个变电站的装配率，即

$$变电站装配率 = \sum (分项工程装配率 \times 难度系数) \times 100\%$$

（2）本章造价对比分析考虑工程实际，以朱河 110kV 变电站工程决算为模块化变电站样本，决算中含有模具研发费用、预制构件费用（均为定制，成本较高）等，故决算计算结果与概算结果有一定差异。

（3）由于不同区域征地标准不一致，故在原有造价基础上去掉建设场地征用费。与站址相关工程费用（如地基处理费用、站外道路、站外排水以及临时工程等费用）各站差异较大，故只进行变电站围墙内造价比较分析。

建筑工程装配式构件说明及费用变化共涉及 11 个部分，全部预制需要增加建筑工程直接工程费 498.31 万元，具有见表 10-1。

表 10-1

建筑工程模块化明细表

名称	内容	原始造价直接工程费/万元	增加造价/万元	装配式造价直接工程费/万元	增加率/%	内容描述	备注
1	主建筑物	135.21	134.81	270.02	100	墙体、全螺栓连接、预制基础	
2	围墙	11.47	34.57	46.04	301	预制墙板、预制柱	
3	电缆沟	29.39	5.88	35.27	20	预制电缆沟	
4	主变压器基础	4.15	19.85	24.00	478	主变压器基础分块预制	
5	防火墙	18.02	1.99	20.01	11		
6	室内 GIS 基础	4.46	7.54	12.00	169	基础预制箱涵	
7	避雷针基础	0.91	5.70	6.61	626	预制避雷针基础	
8	室内开关柜基础	23.82	201.18	225.00	845	室内设备基础预制箱涵	
9	消防水池	21.16	78.83	99.99	373	不锈钢成品购买，现场安装	
10	事故油池	3.95	7.90	11.85	200	钢筋混凝土预制，现场安装	
11	化粪池	0.7	0.35	1.05	50	玻璃钢成品购买，现场安装	
12	道路	13.05	1.70	14.75	13	结构层为混凝土预制锁块	
合计				500.30			

除了少数几项（道路、化粪池等）外，各装配式构件相比常规站工程原始直接工程费高出 3 倍以上，平均为常规站直接工程费的 2.89 倍，详见图 10-1。

由于主建筑物、围墙等装配式构件费用属于建筑工程直接工程费，故对建筑工程部分的造价比较分析以直接工程费为对比基础，分析结果见表 10-2。

由表 10-2 可知，装配率 43% 的方案相比常规站，增加建筑工程费 171.82 万元，装配率 64% 的方案增加建筑工程费 405.82 万元，装配率 82% 的方案增加建筑工程费 502.29 万元。三种方案分别比常规站建筑工程直接工程费高出了 28%、67% 和 83%。中等和较低装配率的两个方案，增加建筑工程直接工程费 234 万元，比常规站建筑工程费直接工程费增加率高 39%；较高和中等装配率的两个方案，增加建筑工程直接工程费 96 万元，比常规站建筑工程直接工程费增加率高 16%。

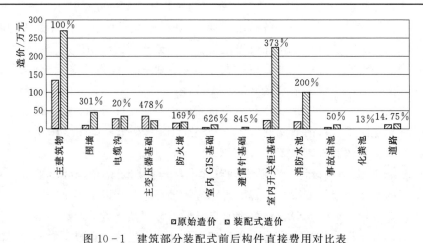

图 10-1 建筑部分装配式前后构件直接费用对比表

10.3　结论

以花科 110kV 变电站概算为计算基础，依据装配内容不同，分为三种组合方案对变电站工程造价进行分析，见表 10 - 3。

当主建筑物、围墙装配式主要是墙体、全螺栓连接、建筑物基础、围墙墙板和柱的预制时，与花科变电站概算中上述内容造价相比，增加 386 万元（含其他费用）；相比变电站内部分增加率为 9%。

表 10 - 2

建筑工程直接工程费经济对比表

名称	内　　容	装配率/%	建筑工程直接工程费/万元	增加造价/万元	增加率/%
现状	常规施工作业	35	608		
方案 1	主建筑物、围墙	43	779.82	171.82	28
方案 2	主建筑物、电缆沟、围墙、主变压器基础、GIS 基础、开关柜基础	64	1013.82	405.82	67
方案 3	建筑物、电缆沟、围墙、主变压器基础、GIS 基础、开关柜基础、消防水池、事故油池、化粪池、道路	82	1110.29	502.29	83

表 10 - 3

经　济　对　比　表

名称	内　　容	装配率/%	造价/万元	增加/万元	增加率/%	研发及模具费用/万元	分摊 100 座变电站后费用/万元	分摊后增加率/%
常规站	常规施工作业	35	4200	—				
方案 1	主建筑物、围墙	43	4586	386	9	10	0.1	8.9
方案 2	主建筑物、电缆沟、围墙、主变压器基础、GIS 基础、开关柜基础、电容器基础、消弧线圈基础、防火墙	64	5115	915	22	40	0.4	20.8
方案 3	建筑物、电缆沟、围墙、主变压器基础、GIS 基础、开关柜基础、消防水池、事故油池、化粪池、道路、避雷针基础	82	5520	1320	31	85	0.85	29.4

当装配化程度进一步扩大到主变压器基础、GIS 基础、开关柜基础等时，与花科变电站概算中上述内容造价相比，增加 915 万元（含其他费用）；相比变电站内部分增加率为 22%。当装配化程度再进一步扩大，建筑部分再扩大到消防水池、事故油池、化粪池及道路，电气部分加入控缆、光缆的预制，与花科变电站概算中上述内容造价相比，增加 1320 万元（含其他费用）；相比变电站内部分增加率为 31%。以上费用均包含研发及模具的费用，若分摊 100 座变电站后，增加率稍有下降。